特長と使い方

～本書を活用した大学入試対策～

□ **志望校を決める（調べる・考える）**

入試日程，受験科目，出題範囲，レベルなどが決まるので，やるべきことが見えやすくなります。

□ **「合格」までのスケジュールを決める**

基礎固め・苦手克服期…**受験勉強スタート～入試の６か月前頃**

・教科書レベルの問題を解けるようにします。

・苦手分野をなくしましょう。

⊖教科書の内容の理解が不安な人は，
『**大学入試 ステップアップ 数学Ａ【基礎】**』に取り組みましょう。

応用力養成期…**入試の６か月前～３か月前頃**

・身につけた基礎を土台にして，入試レベルの問題に対応できる応用力を養成します。

・志望校の過去問を確認して，出題傾向，解答の形式などを把握しておきましょう。

・模試を積極的に活用しましょう。模試で課題などが見つかったら，『**大学入試 ステップアップ 数学Ａ【基礎】**』で復習して，確実に解けるようにしておきましょう。

実戦力養成期…**入試の３か月前頃～入試直前**

・時間配分や解答の形式を踏まえ，できるだけ本番に近い状態で過去問に取り組みましょう。

□ **志望校合格！！**

数学の学習法

◎同じ問題を何度も繰り返し解く

多くの教材に取り組むよりも，１つの教材を何度も繰り返し解く方が力がつきます。

⊖『**大学入試 ステップアップ 数学Ａ【基礎】**』の活用例を，次のページで紹介しています。

◎解けない問題こそ実力アップのチャンス

間違えた問題の解説を読んでも理解できないときは，解説を１行ずつ丁寧に理解しながら読むまたは書き写して，自分のつまずき箇所を明確にしましょう。その上で教科書の公式や例題を確認しましょう。教科書レベルの内容がよく理解できないときは，さらに前に戻って復習することも大切です。

◎基本問題は確実に解けるようにする

応用問題も基本問題の組み合わせです。まずは基本問題が確実に解けるようにしましょう。解ける基本問題が増えていくことで，応用力も必ず身についてきます。

◎ケアレスミス対策

日頃から，暗算に頼らず途中式を丁寧に書く習慣を身につけ，答え合わせで計算も確認して，ミスの癖を知っておきましょう。

～本書のしくみ～

本冊

見開き２ページで１単元完結。
問題はほぼ「易→難」の順に並んでいます。

要点整理
重要事項や公式をまとめています。確実に使いこなせるようにしましょう。

☆重要な問題
ぜひ取り組んでおきたい問題です。状況に応じて効率よく学習を進めるときの目安にもなります。

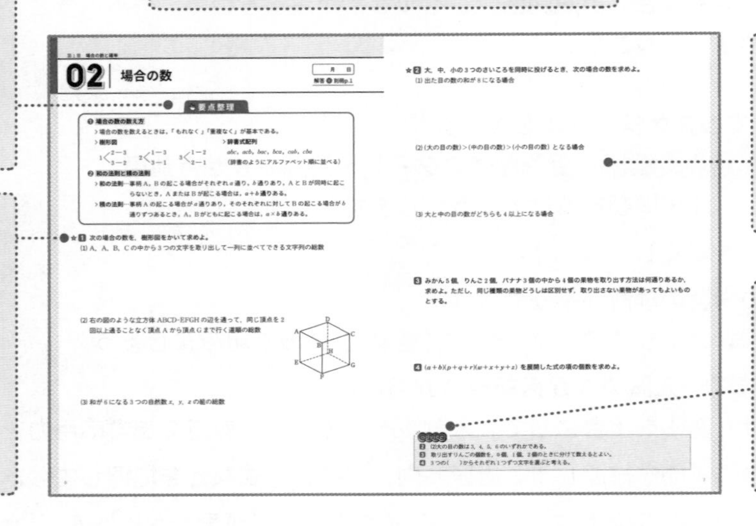

余白に書き込みながら取り組むこともできて，復習にも便利です。

advice
つまずきそうな問題には，着眼点や注意点を紹介しています。

解答・解説

図やグラフを豊富に使って解説しています。視覚的にイメージできるので，理解しやすいです。

着目すべきポイントを色つきにしているので，理解しやすくなっています。

大問ごとに,「解答→解説」の順に配列しているので，答え合わせがしやすいです。

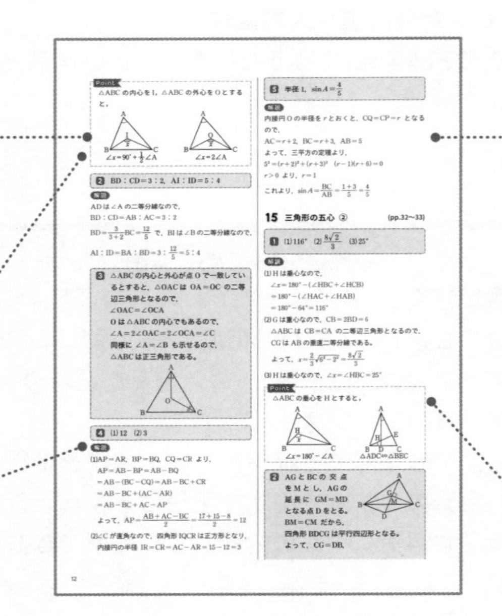

詳しい解説つきです。答え合わせのとき，答えの正誤確認だけでなく解き方も理解しましょう。記述力もアップします。

別解
正解だった場合も確認しましょう。さらに実力がアップします。

Point
注意事項や参考事項を紹介しています。

本書の活用例

◎何度も繰り返し取り組むとき，１巡目は全問→２巡目は１巡目に間違った問題→３巡目は２巡目に間違った問題 …のように進めて，全問解けるようになるまで繰り返します。
◎ざっと全体を復習したいときは，各単元の見開き左側ページだけ取り組むと効率的です。

目　次

※「数学Ａ」の出題範囲については，「場合の数と確率」，「図形の性質」の２項目に対応した出題となっている場合があります。志望校の「数学Ａ」の出題範囲を必ず確認してください。

本書に関する最新情報は，小社ホームページにある**本書の「サポート情報」**をご覧ください。（開設していない場合もございます。）
なお，この本の内容についての責任は小社にあり，内容に関するご質問は直接小社におよせください。

01 集合の要素の個数

月　日

解答 › 別冊p.1

要点整理

❶ 集合の要素の個数

集合 A の要素の個数を $n(A)$ という記号で表す。

例 $A=\{1,\ 2,\ 3,\ 4,\ 6,\ 12\}$ のとき，$n(A)=6$

❷ 和集合，補集合の要素の個数

> $n(A\cup B)=n(A)+n(B)-n(A\cap B)$

> $n(\overline{A})=n(U)-n(A)$ ただし，U は全体集合

❸ その他，よく使われる関係

> $n(\overline{A}\cap B)=n(B)-n(A\cap B)$

> $n(\overline{A}\cap\overline{B})=n(\overline{A\cup B})$　　> $n(\overline{A}\cup\overline{B})=n(\overline{A\cap B})$

1 次の集合 A について，$n(A)$ を求めよ。

(1) $A=\{1,\ 2,\ 4,\ 8,\ 16\}$

(2) $A=\phi$ (空集合)

(3) $A=\{n\mid n$ は10以上20以下の整数$\}$

(4) $A=\{n\mid n$ は1以上100以下の3の倍数$\}$

2 2つの集合 A，B を，$A=\{2,\ 3,\ 5,\ 7,\ 11,\ 13,\ 17,\ 19\}$，$B=\{8,\ 9,\ 10,\ 11,\ 12,\ 13,\ 14\}$ とする。このとき，次の値を求めよ。

(1) $n(A\cap B)$

(2) $n(A\cup B)$

☆ **3** **300 以下の自然数のうち，4，6 のどちらか一方でのみ割り切れる数の個数を求めよ。**

4 **200 以下の自然数のうち，次のような数の個数を求めよ。**

(1) 3 の倍数かつ 4 の倍数

(2) 3 の倍数または 4 の倍数

(3) 3 の倍数でも 4 の倍数でもない数

5 **40 名の生徒のうち，パソコンを持っている生徒は 26 名，携帯電話を持っている生徒は 33 名，両方とも持っている生徒は 24 名であった。このとき，どちらも持っていない生徒は何名か。**

[湘南工科大]

☆ **6** **次の問いに答えよ。**

[愛知学院大]

(1) 1 から 100 までの整数で，3 または 7 の少なくとも一方で割り切れる数は何個あるか。

(2) 1 から 10000 までの整数で，7 で割り切れかつ 3 で割り切れない数は何個あるか。

advice

3 4 の倍数，6 の倍数の集合をそれぞれ A，B として，$n(A)+n(B)-2n(A\cap B)$ を求める。

5 $n(\overline{A}\cap\overline{B})=n(\overline{A\cup B})=n(U)-n(A\cup B)$ を利用する。

6 3 の倍数，7 の倍数の集合をそれぞれ A，B として，(1)$n(A\cup B)$ (2)$n(\overline{A}\cap B)$ を求める。

02 場合の数

月　日

解答 › 別冊p.1

要点整理

❶ 場合の数の数え方

› 場合の数を数えるときは，「もれなく」「重複なく」が基本である。

› **樹形図**

$1<\begin{matrix}2-3\\3-2\end{matrix}$　$2<\begin{matrix}1-3\\3-1\end{matrix}$　$3<\begin{matrix}1-2\\2-1\end{matrix}$

› **辞書式配列**

abc，acb，bac，bca，cab，cba

（辞書のようにアルファベット順に並べる）

❷ 和の法則と積の法則

› **和の法則**…事柄 A，B の起こる場合がそれぞれ a 通り，b 通りあり，A と B が同時に起こらないとき，A または B が起こる場合は，$\boldsymbol{a+b}$ **通り**ある。

› **積の法則**…事柄 A の起こる場合が a 通りあり，そのそれぞれに対して B の起こる場合が b 通りずつあるとき，A，B がともに起こる場合は，$\boldsymbol{a\times b}$ **通り**ある。

☆ **1** 次の場合の数を，樹形図をかいて求めよ。

(1) A，A，B，C の中から 3 つの文字を取り出して一列に並べてできる文字列の総数

(2) 右の図のような立方体 ABCD-EFGH の辺を通って，同じ頂点を 2 回以上通ることなく頂点 A から頂点 G まで行く道順の総数

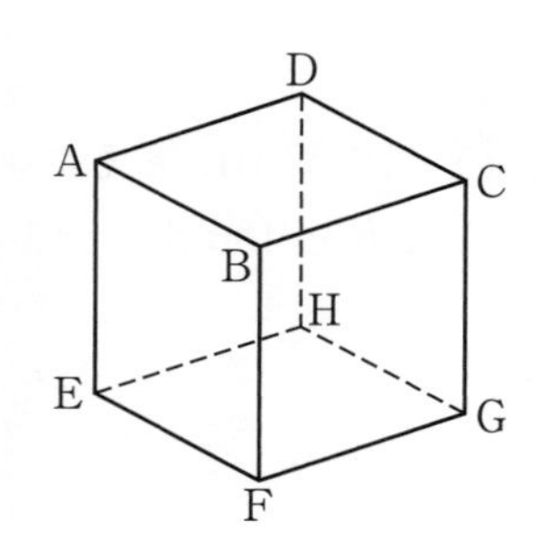

(3) 和が 6 になる 3 つの自然数 x，y，z の組の総数

☆**2** 大，中，小の 3 つのさいころを同時に投げるとき，次の場合の数を求めよ。

(1) 出た目の数の和が 8 になる場合

(2) (大の目の数) > (中の目の数) > (小の目の数) となる場合

(3) 大と中の目の数がどちらも 4 以上になる場合

3 みかん 5 個，りんご 2 個，バナナ 3 個の中から 4 個の果物を取り出す方法は何通りあるか，求めよ。ただし，同じ種類の果物どうしは区別せず，取り出さない果物があってもよいものとする。

4 $(a+b)(p+q+r)(w+x+y+z)$ を展開した式の項の個数を求めよ。

advice

2 (2)大の目の数は 3，4，5，6 のいずれかである。

3 取り出すりんごの個数を，0 個，1 個，2 個のときに分けて数えるとよい。

4 3 つの(　　)からそれぞれ 1 つずつ文字を選ぶと考える。

03 順　列 ①

月　　日

解答 › 別冊p.2

要点整理

❶ n 個から r 個とる順列の数

$${}_n\mathrm{P}_r = n(n-1)(n-2)\cdots\cdots(n-r+1)$$

例 7 個から 3 個とる順列の数は，${}_7\mathrm{P}_3 = \underbrace{7\times6\times5}_{3個かける} = 210$

❷ n 個から n 個すべてをとる順列の数

${}_n\mathrm{P}_n = n(n-1)(n-2)\cdots\cdots3\cdot2\cdot1$ を n の階乗といい，$n!$ で表す。

ただし，${}_n\mathrm{P}_0 = 1$，$0! = 1$ と定義する。

❸ 重複順列

n 個から重複を許して r 個とる順列の数は，$\underbrace{n\times n\times n\times\cdots\cdots\times n}_{r個} = n^r$

1 次の問いに答えよ。

(1) 1 から 6 までの 6 個の整数から異なる 4 個を選んで一列に並べる並べ方は何通りあるか。

(2) Z，O，S，H，I，N の 6 文字すべてを並べる並べ方は何通りあるか。

(3) 1，2，3，4 の 4 つの数字を使ってできる 4 桁（けた）の整数は何通りあるか。ただし，同じ数字を何回用いてもよい。

2 袋の中に 0 から 5 までの数字が 1 つずつ書かれているカードが 6 枚ある。この袋から 3 枚のカードを取り出してできる 3 桁の整数のうち，241 は小さいほうから何番目か。　［芝浦工業大］

3 0, 1, 2, 3, 4 の 5 つの数字の中から異なる 4 つの数字を選んで 4 桁の整数を作る。このとき，次のような整数は何通りできるか。

(1) 4 桁の整数

(2) 偶数

(3) 5 の倍数

☆ **4** 右の図のように区切られた A～E の領域を塗り分ける。隣り合った領域には異なる色を塗ることにすると，次の場合，塗り分け方は何通りあるか。

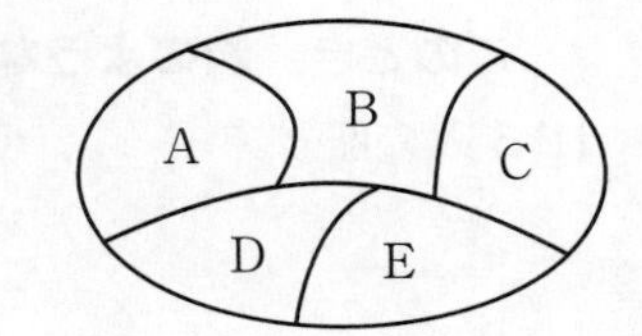

(1) 異なる 5 色を全部使う場合

(2) 異なる 4 色を全部使う場合

☆ **5** 6 人の生徒 A, B, C, D, E, F が横一列に並ぶとき，次のような並び方は何通りあるか。

[北里大]

(1) A と B が隣り合う。

(2) B と C が隣り合わない。

(3) A と B が隣り合い，かつ，B と C が隣り合わない。

advice

3 (2)一の位が，0 のときと 2, 4 のときで数え方が異なる。奇数を数えて全体から引いてもよい。

4 (2) A と E, A と C, C と D のいずれかに同じ色を塗ることになる。

5 (3) A と B が隣り合い，かつ，B と C も隣り合うのは，ABC または CBA と並ぶときである。

04 順　列 ②

月　日

解答 別冊p.3

要点整理

円順列

異なる n 個のものを円形に並べる順列の数は，

$$\frac{{}_n\mathrm{P}_n}{n}=\frac{n!}{n}=(n-1)!$$

例 異なる 5 個のボールを床に円形に並べる並べ方は，

$(5-1)!=4!=24$（通り）

1 円形のテーブルのまわりに，父，母，子ども 4 人の 6 人が座る。このとき，次のような座り方は何通りあるか。

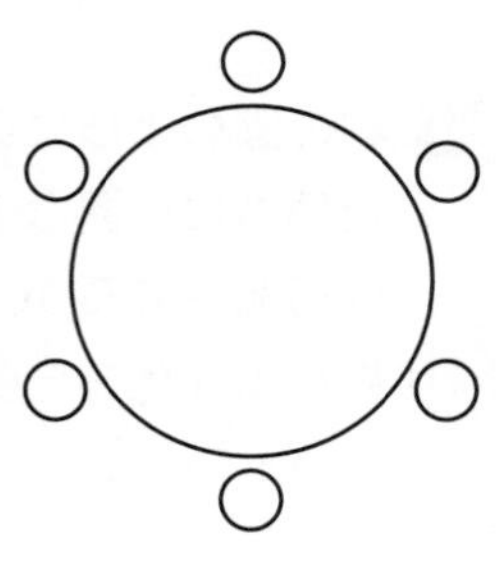

⑴ 6 人の座り方

⑵ 父と母が隣り合う座り方

2 男子 6 人と女子 2 人の 8 人が円形のテーブルに向かって座る。このとき，次の問いに答えよ。

⑴ 座り方は全部で何通りあるか。

⑵ 女子 2 人が隣り合う座り方は何通りあるか。

⑶ 女子 2 人が向かい合う座り方は何通りあるか。

3 男子4人，女子4人の計8人が，手をつないで輪を作る。このとき，次のような輪の作り方は何通りあるか。

(1) 男子4人が続けて手をつなぐ

(2) 男女が交互に手をつなぐ

☆**4** 男子大学生3人，女子大学生3人，小学生1人の計7人が円形に並ぶとき，大学生の男女が交互に並ぶ並び方は何通りあるか。 [北海学園大]

☆**5** 次の問いに答えよ。

(1) 正四角すいの5つの面を異なる5色で塗り分ける方法は何通りあるか。

(2) 立方体の6つの面を異なる6色で塗り分ける方法は何通りあるか。

advice

2 (3)女子2人を向かい合わせの席に固定して残りの男子6人の順列を考える。

3 (2)まず男子4人が円形に並び，男子と男子の間に女子がそれぞれ入ると考える。

5 (2)底面に塗る色を固定し，上面，側面の順に色の塗り方を考える。

05 組合せ ①

月　日

解答 › 別冊p.4

要点整理

❶ n 個から r 個取る組合せの総数

$${}_n\mathrm{C}_r=\frac{{}_n\mathrm{P}_r}{r!}=\frac{n!}{r!(n-r)!}=\frac{n(n-1)(n-2)\cdots(n-r+1)}{r(r-1)(r-2)\cdots3\cdot2\cdot1}$$ ${}_n\mathrm{C}_0=1$ と定める。

❷ ${}_n\mathrm{C}_r$ について成り立つ式

› ${}_n\mathrm{C}_r={}_n\mathrm{C}_{n-r}$　　› ${}_n\mathrm{C}_r={}_{n-1}\mathrm{C}_{r-1}+{}_{n-1}\mathrm{C}_r$

1 次の問いに答えよ。

(1) 10 人の生徒から 3 人を選ぶ選び方は何通りあるか。

(2) ${}_{50}\mathrm{C}_{48}$ の値を求めよ。

(3) コインを 5 回投げるとき，表が 2 回出るコインの裏表の出方は何通りあるか。

☆ **2** 男子 7 人，女子 5 人の中から 4 人を選ぶとき，次のような選び方は何通りあるか。

(1) 男女に関係なく 4 人を選ぶ。

(2) 男女 2 人ずつを選ぶ。

(3) 少なくとも 1 人は女子を選ぶ。

3 8 冊の異なる本を，3 冊，3 冊，2 冊の 3 組に分ける方法は何通りあるか。 ［芝浦工業大］

☆ **4** 10 人の生徒を次のように分ける方法は何通りあるか。

(1) 2 人，3 人，5 人の 3 組に分ける。

(2) 3 人，3 人，4 人の 3 組に分ける。

(3) 1 人を除き，残りの 9 人を 3 人ずつの組に分ける。

5 正八角形 ABCDEFGH の 8 つの頂点のうち 3 つの頂点を結んで三角形を作る。このとき，次のような三角形の個数を求めよ。

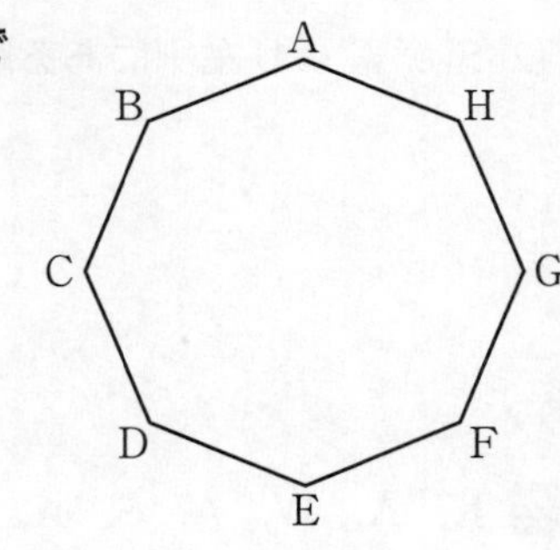

(1) 全部の三角形

(2) 直角三角形

(3) 正八角形と辺を共有しない三角形

advice

3 8 冊の中からまず 2 冊を選び，残りの 6 冊を 3 冊，3 冊の組に分ける。

4 (2)まず 3 人を選び出し，残り 7 人から 3 人を選ぶ。

5 (2)三角形の 1 つの辺が正八角形の外接円の直径になっていれば，直角三角形である。

組合せ ②

月　　日

解答 › 別冊p.4

要点整理

同じものを含む順列の数

n 個の中に同じものがそれぞれ p 個，q 個，r 個，……あるとき，これらを一列に並べる順列の数は，$\dfrac{n!}{p!q!r!\cdots\cdots}$（ただし，$n=p+q+r+\cdots\cdots$）

例 a，a，a，b，b，c の 6 文字を並べる並べ方は，

$\dfrac{6!}{3!2!1!}=60$（通り）

1 SUUGAKU の 7 文字を並べてできる順列について，次の問いに答えよ。

(1) 順列の総数は何通りあるか。

(2) S が A より左側にある順列は何通りあるか。

☆ **2** K，A，W，A，S，A，K，I の 8 文字を用いて作られる順列について，次の問いに答えよ。

(1) 順列の総数は何通りあるか。

(2) K の 2 文字は隣り合うが，A の 3 文字はどれも隣り合わない順列は何通りあるか。

3 a, a, b, c, d の 5 文字を一列に並べるとき，2 個の a が隣り合わない並べ方は何通りあるか。

［津田塾大］

☆ **4** 右の図のような格子状の道を通って，A から B まで行く最短経路について考える。次の問いに答えよ。

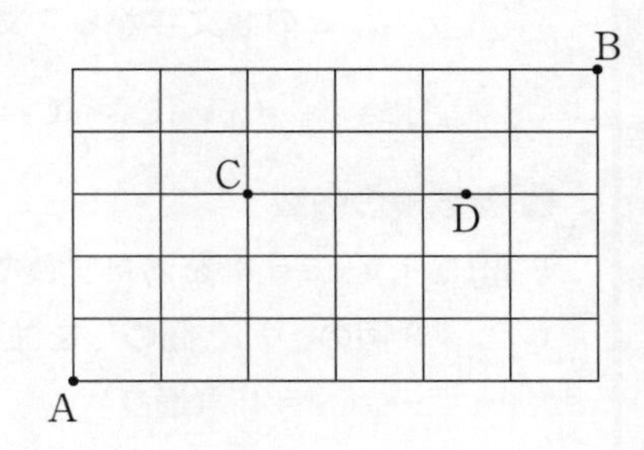

(1) 全部で何通りの経路があるか。

(2) C を通る経路は何通りあるか。

(3) C を通るが D は通らない経路は何通りあるか。

5 白球が 6 個，赤球が 3 個，黒球が 1 個ある。これら 10 個の球を円形に並べる並べ方は何通りあるか。

［神戸芸術工科大］

advice

2 (2)隣り合うものは 1 つにまとめ，隣り合わないものは間に入れる。

4 (1)→ 6 個と ↑ 5 個を一列に並べて，同じものを含む順列を考える。

5 黒球 1 個の位置を固定し，白球 6 個，赤球 3 個の同じものを含む順列を考える。

07 組合せ ③

月　日

解答 ▶ 別冊p.5

要点整理

❶ 重複組合せ

異なる n 個のものから重複を許して r 個取る組合せの数は，${}_n\mathrm{H}_r = {}_{n+r-1}\mathrm{C}_r$

例 a，b，c の 3 文字から 5 文字を取る組合せの数は

$${}_3\mathrm{H}_5 = {}_{3+5-1}\mathrm{C}_5 = {}_7\mathrm{C}_5 = {}_7\mathrm{C}_2 = \frac{7\cdot 6}{2\cdot 1} = 21 \text{（通り）}$$

❷ 整数解の個数

例 $x+y+z=8$ を満たす負でない整数解

＞8 個の○と 2 個の｜を並べる

→${}_{10}\mathrm{C}_2=45$（通り）

○○｜｜○○○○○○

（$x=2, y=0, z=6$ の場合）

＞3 種類の文字から重複を許して 8 文字を選ぶ→${}_3\mathrm{H}_8={}_{10}\mathrm{C}_8={}_{10}\mathrm{C}_2=45$（通り）

例 $x+y+z=8$ を満たす正の整数解

○を 8 個並べた 7 か所のすき間のうち，

2 か所に区切りを入れる→${}_7\mathrm{C}_2=21$（通り）

○○｜○○○○○｜○

（$x=2, y=5, z=1$ の場合）

☆ **1** 次の問いに答えよ。

(1) $x+y+z=10$ を満たす負でない整数 x，y，z の組は全部で何個あるか。

(2) $x+y+z+u=20$ を満たす正の整数 x，y，z，u の組は全部で何個あるか。　［産業医科大］

(3) $(x+y+z)^6$ を展開して整理したときの項の個数を求めよ。

2 区別できない 12 本の鉛筆を，A，B，C の 3 人に分ける。このとき，次のような分け方は何通りあるか。

(1) 1 本ももらえない人がいてもよい分け方

(2) 1 人最低 2 本はもらえるような分け方

☆**3** 4桁（けた）の自然数の千の位，百の位，十の位，一の位の数をそれぞれ a，b，c，d とする。このとき，次の条件を満たす4桁の自然数は何個あるか。

(1) $a>b>c>d$

(2) $a\leqq b\leqq c\leqq d$

(3) $a+b+c+d=8$

4 図のような正四角すいの各面を，隣り合う面が異なる色となるように塗り分ける。次のような塗り分け方は何通りあるか。ただし，回転させたら一致する塗り方は同一のものと見なす。

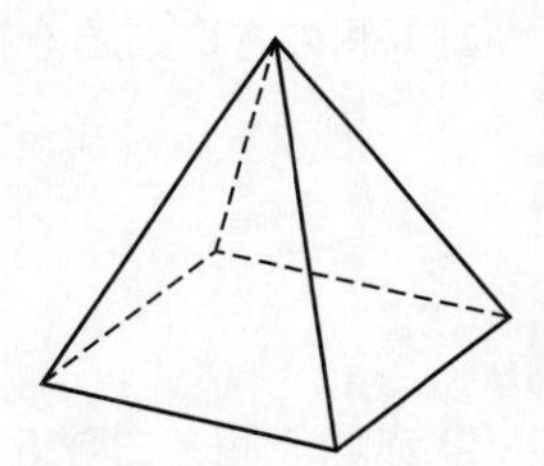

(1) 赤，青，緑の3色をすべて使って塗り分ける。

(2) 赤，青，緑，黄，黒の5色のうち，全部または一部を使って塗り分ける。

advice

1 (3)項は，x^6，x^5y，x^5z，…，z^6 となることから考える。

2 (2)先に2本ずつ配っておいてから，残りの6本を3人に配ればよい。

3 (3)$a'=a-1$ とし，$a'+b+c+d=7$ となる0以上の4つの整数の組を考える。

確率の基本性質

月　日

解答 › 別冊p.6

要点整理

❶ 事象と確率

根元事象がすべて「同様に確からしい」試行において，事象 A が起こる確率を $P(A)$ で表す。

$$P(A)=\frac{\text{事象 }A\text{ の起こる場合の数}}{\text{起こりうるすべての場合の数}}$$

❷ 排反事象

- 事象 A，B に対して「A または B が起こる」という事象を A と B の**和事象**といい，$A\cup B$ で表す。
- 2つの事象 A，B が同時には起こらないとき，事象 A と事象 B は**排反**であるという。
- 事象 A と事象 B が排反であるとき，次の式が成り立つ。

$P(A\cup B)=P(A)+P(B)$ 〔加法定理〕

❸ 余事象

事象 A に対して「A が起こらない」という事象を A の**余事象**といい，$\overline{A}$ で表す。

$P(\overline{A})=1-P(A)$

1 次の確率を求めよ。

(1) 1個のさいころを投げるとき，素数の目が出る確率

(2) 赤球3個と白球5個が入っている袋から1個の球を取り出すとき，それが赤球である確率

(3) ジョーカーを除く52枚のトランプから1枚を選ぶとき，それが絵札である確率

(4) 2個のさいころを同時に投げるとき，出る目の数の和が4の倍数になる確率

2 赤球 2 個，白球 3 個，青球 4 個が入っている袋から同時に 3 個の球を取り出すとき，次の確率を求めよ。

(1) 3 個とも青球を取り出す確率

(2) 少なくとも 2 種類の色の球を取り出す確率

☆ **3** 1 から 10 までの整数が 1 つずつ書かれた 10 枚のカードがある。この中から同時に 3 枚のカードを取り出すとき，次の確率を求めよ。

(1) 3 枚とも偶数のカードである確率

(2) 3 枚の中に 10 と書かれたカードが含まれる確率

(3) 3 枚のカードの数の積が偶数になる確率

☆ **4** A，B，C の 3 人がじゃんけんをするとき，次の確率を求めよ。

(1) A だけが勝つ確率

(2) 誰か 1 人だけが負ける確率

(3) あいこになる確率

advice

2 (2) 3 個とも同じ色の球である確率を求めて 1 から引けばよい。

3 (3) 3 枚のうち少なくとも 1 枚が偶数であれば積は偶数になる。余事象を利用。

4 3 人でじゃんけんをするときの手の出し方は $3^3=27$ (通り)

独立な試行の確率

月　日

解答 › 別冊p.7

要点整理

独立な試行

› 2つの試行 T_1，T_2 が互いに他に影響を受けないとき，T_1 と T_2 は**独立な試行**であるという。

例 さいころを続けて5回投げるとき，1回目から4回目までに出た目の数がすべて1であったとしても，5回目に1の目が出る確率は，$\frac{1}{6}$ である。

(1回目から4回目までの目とは無関係)

› 独立な試行 T_1，T_2 によって決まる事象をそれぞれ A，B とするとき，事象 A と事象 B が同時に起こる確率を p とすると，

$\boldsymbol{p=P(A)\times P(B)}$ **〔積の法則〕**

例 さいころを続けて3回投げるとき，すべて1の目が出る確率は，$\left(\frac{1}{6}\right)^3=\frac{1}{216}$

1 次の2つの試行TとSは独立であるかどうかを判定せよ。

(1) さいころを2回投げるとき，1回目の試行をT，2回目の試行をSとする。

(2) 赤球2個と白球2個が入っている袋から，球を1個取り出す試行をT，それを袋に戻さないでもう1個取り出す試行をSとする。

(3) 赤球2個と白球2個が入っている袋から，球を1個取り出す試行をT，それを袋に戻して，もう1回球を1個取り出す試行をSとする。

☆**2** **赤球5個，白球3個が入っている袋から球を1個取り出し，さらにもう1個取り出すとき，次の確率を求めよ。**

(1) はじめに取り出した球を袋に戻して2個目を取り出すとき，2個とも赤球である確率

(2) はじめに取り出した球を袋に戻さないで2個目を取り出すとき，2個とも赤球である確率

☆**3** 赤球 5 個，白球 4 個，青球 3 個が入っている袋から球を 1 個取り出し，色を確認してから袋の中に戻すという試行を 3 回行うとき，次の確率を求めよ。

(1) 3 個とも同じ色の球である確率

(2) 3 個ともちがう色の球である確率

4 3 本の当たりが入った合計 10 本のくじを，A，B，C の 3 人がこの順番で引く。引いたくじは毎回元に戻すとき，次の確率を求めよ。

(1) B が当たりを引く確率

(2) C だけ当たりを引く確率

5 3 名の受験生 A，B，C がいて，それぞれの志望校に合格する確率をそれぞれ $\frac{4}{5}$，$\frac{3}{4}$，$\frac{2}{3}$ とする。次の確率を求めよ。 [近畿大]

(1) 3 名とも合格する確率

(2) 2 名だけが合格する確率

(3) 少なくとも 1 名が合格する確率

advice

3 (2)順に，赤白青，赤青白，白赤青，白青赤，青赤白，青白赤の 3! 通りがあることに注意する。

4 3 人がそれぞれくじを引く試行は独立である。

5 (3) 3 名とも不合格になる確率を求め，1 から引けばよい。

10 反復試行の確率

月　　日

解答 › 別冊p.7

要点整理

反復試行の確率

1 つの試行 T において，事象 A の起こる確率を p とする。独立な試行 T を n 回繰り返すとき，事象 A がちょうど r 回起こる確率は，

$${}_n\mathrm{C}_r p^r q^{n-r} \quad (q=1-p)$$

1 1 個のさいころを続けて 6 回投げるとき，次の確率を求めよ。

(1) 偶数の目がちょうど 2 回出る確率

(2) 1 か 6 の目がちょうど 3 回出る確率

(3) 6 回目に二度目の 1 の目が出る確率

2 数直線上の原点に点 P がある。コインを投げて，表が出たら点 P を正の方向に 1，裏が出たら負の方向に 1 だけ移動させるとき，次の確率を求めよ。

(1) コインを 5 回投げたとき，点 P が +1 にいる確率

(2) コインを 8 回投げたとき，点 P が原点にいる確率

☆ **3** **赤球が 2 個，白球が 3 個，青球が 4 個入った袋の中から，1 個の球を取り出して色を確認し，元に戻すという試行を 5 回繰り返す。このとき，次の確率を求めよ。**

(1) 白球を 1 回だけ取り出す確率

(2) 赤球を 1 回，白球を 2 回，青球を 2 回取り出す確率

☆ **4** **A，B の 2 チームが繰り返し試合を行う。各試合で A の勝つ確率を $\frac{2}{3}$ とするとき，試合を 5 回行って A が勝ちこす確率を求めよ。**

5 **数直線上を動く点 P がある。点 P は原点を出発して，さいころを 1 回投げるごとに，2 以下の目が出たときには正の向きに 1 だけ進み，3 以上の目が出たときは負の向きに 2 だけ進むものとする。このとき，次の確率を求めよ。**

[早稲田大]

(1) さいころを 3 回投げたとき，点 P が原点にある確率

(2) さいころを 5 回投げたとき，点 P の座標が -4 または 2 になる確率

advice

3 (2)赤球が 1 回，白球が 2 回，青球が 2 回出る場合の数は $\frac{5!}{1!2!2!}$ 通りある。

4 5 回のうち，A が 5 勝，4 勝，3 勝する場合である。

5 (2)点 P の座標が -4 になる確率，2 になる確率をそれぞれ求める。

11　条件付き確率

月　日

解答 別冊p.8

要点整理

条件付き確率

- 事象 A，B に対して「A が起こり，かつ B が起こる」という事象を A と B の**積事象**といい，$A \cap B$ で表す。
- 事象 A が起こったという条件の下で事象 B が起こる確率を**条件付き確率**といい，$P_A(B)$ で表す。

$$P_A(B)=\frac{P(A\cap B)}{P(A)}$$

- 事象 A，B が続いて起こる確率 $P(A\cap B)$ は，

$$P(A\cap B)=P(A)\times P_A(B)$$ **〔乗法定理〕**

- 事象 A，B のどちらかが原因で事象 R が起こるとき，R の起こった原因が事象 A である確率を**原因の確率**ということがあり，$P_R(A)$ で表す。

$$P_R(A)=\frac{P(A\cap R)}{P(R)}$$

1 1，2，3 の数が書かれた白いカード 3 枚と，4，5，6，7，8 の数が書かれた赤いカード 5 枚の計 8 枚の中から 1 枚のカードを取り出すとき，次の確率を求めよ。

(1) 偶数の書かれた赤いカードを取り出す確率

(2) 取り出したカードが赤色であるとき，書かれている数が偶数である確率

(3) 取り出したカードに書かれた数が奇数であるとき，そのカードが白色である確率

2 12 本のくじの中に当たりくじが 3 本入っている。このくじを A，B の順に 1 本ずつ引くとき，次の確率を求めよ。ただし，引いたくじは元に戻さない。

(1) A も B も当たる確率

(2) B が当たる確率

☆ **3** 箱 A には赤球が 3 個，白球が 2 個入っており，箱 B には赤球が 4 個，白球が 1 個入っている。さいころを投げて，1，2 の目が出たら箱 A から球を 1 個取り出し，3，4，5，6 の目が出たら箱 B から 1 個取り出すとき，次の確率を求めよ。

(1) 赤球を取り出す確率

(2) 取り出した球が赤球であるとき，それが箱 A から取り出した赤球である確率

4 A 社のある製品は，その 60 %が工場 X で，40 %が工場 Y で製造されている。工場 X，工場 Y で製造された製品には，それぞれ 0.5 %，0.3 %の確率で不良品が含まれている。この製品の中から無作為に 1 個を取り出すとき，次の確率を求めよ。

(1) 取り出した製品が不良品である確率

(2) 取り出した製品が不良品であるとき，それが工場 X で製造されたものである確率

5 次の(1)，(2)にあてはまる数を書け。

1 から 20 までの数が 1 つずつ記された 20 枚のカードがある。このカードから元に戻さず 2 枚引くとき，2 枚目が 5 の倍数である確率は [(1)] である。また，1 枚目のカードを引いて，それを伏せたまま 2 枚目のカードを引いたら 5 の倍数であった。1 枚目のカードが 5 の倍数である確率は [(2)] である。

［青山学院大］

advice

2 (2) A が当たり B も当たる場合と A がはずれで B が当たる場合とがある。

3 (2)(箱 A から赤球を取り出す確率)÷(赤球を取り出す確率)

5 (2)数字の見えていないカードが 19 枚あって，1 枚目のカードはそのうちの 1 枚である。

12 いろいろな確率と期待値

月　日

解答 › 別冊p.9

要点整理

❶ 最大の値が n である確率

すべて n 以下である確率から，すべて $n-1$ 以下である確率を引く。

❷ n 回目で終わる確率

$n-1$ 回目が終わった時点で，n 回目がどうなればよいかを考える。

❸ 反復試行の確率の最大値

$p_1 < p_2 < p_3 < \cdots\cdots < p_k > p_{k+1} > p_{k+2} > \cdots\cdots$ となる k は，$\dfrac{p_{k+1}}{p_k} > 1$，$\dfrac{p_{k+1}}{p_k} < 1$ を考える。

❹ 期待値

確率変数 $X = x_n$ に対し，$X = x_k$ $(1 \leqq k \leqq n)$ となる確率が p_k のとき，その期待値は，

$\boldsymbol{x_1p_1 + x_2p_2 + \cdots\cdots + x_np_n}$ (ただし，$p_1 + p_2 + \cdots\cdots + p_n = 1$)

☆ **1** 4 個のさいころを同時に投げるとき，次の確率を求めよ。

(1) 4 個のさいころの目がすべて 4 以下である確率

(2) 4 個のさいころの目の最大の値が 4 である確率

2 A，B の 2 チームがあるゲームを行い，どちらかが先に 3 勝したとき終了するものとする。引き分けはなく，A の勝つ確率は $\dfrac{2}{3}$ であるとする。次の確率を求めよ。

(1) ちょうど 4 回目で A が勝って終わる確率

(2) ちょうど 5 回目で終わる確率

3 1から8までの目が出る正八面体のさいころを5回投げる。このとき，5回のうち最小の目が3となる確率を求めよ。

4 プロ棋士のA氏とB氏が，将棋の対局を21回行う。1回の将棋の対局でA氏がB氏に勝つ確率は$\frac{2}{5}$，B氏がA氏に勝つ確率は$\frac{3}{5}$とする。nを0以上の整数とするとき，両者の21回の将棋の対局で，A氏がB氏にn回勝つ確率をP_nとする。次の問いに答えよ。［広島工業大］

(1) $1 \leqq k \leqq 21$である整数kに対して，$Q_k=\frac{P_k}{P_{k-1}}$とする。$Q_k>1$を満たすkの最大値を求めよ。

(2) P_kが最大となるときのnの値を求めよ。

☆**5** 表・裏の出る確率が共に$\frac{1}{2}$の硬貨が4枚ある。この4枚の硬貨を同時に投げる。次の問いに答えよ。［福島大］

(1) 表の出る枚数の期待値を求めよ。

(2) 表の出た枚数と裏の出た枚数が同じならば100点，4枚すべてが表ならば50点，4枚すべてが裏ならば30点，それ以外の場合は0点とする。このとき，得点の期待値を求めよ。

advice

2 (2)4回目までの勝敗がA，Bともに2勝2敗であれば，5回目で必ずゲームは終了する。

3 (すべて3以上の目が出る確率)−(すべて4以上の目が出る確率)

5 (2)得点の値から表の枚数を求め，得点の確率分布表をつくる。

13 三角形と比

月　日

解答 › 別冊p.11

要点整理

❶ 平行線と線分の比

下の図で，$\ell \parallel m \parallel n$ のとき，$a : b = c : d$ が成り立つ。

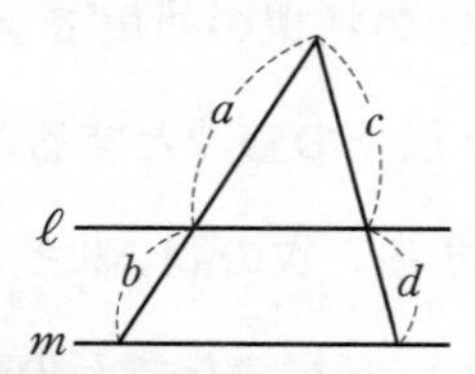

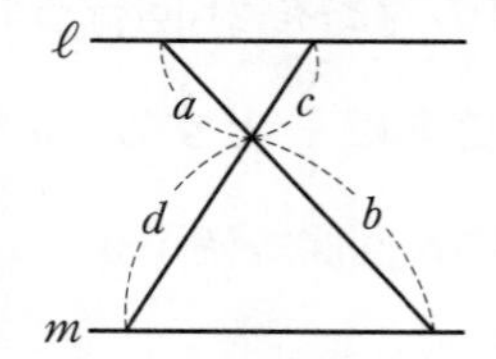

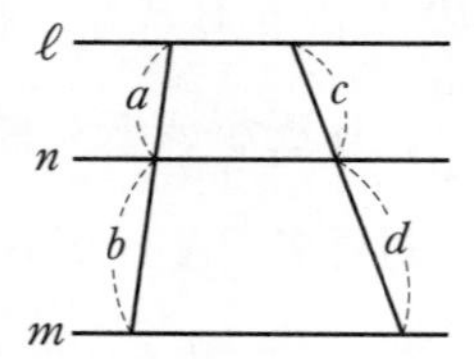

❷ 角の二等分線と線分の比

△ABC で，∠A の二等分線が辺 BC と交わる点を D とするとき，

BD：CD＝AB：AC

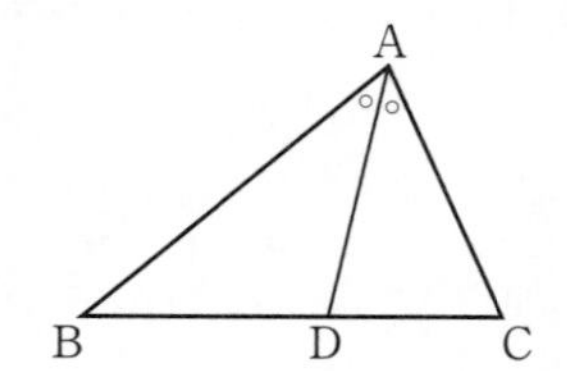

❸ 三角形の角と辺の関係

› 正の数 a，b，c が三角形の３辺の長さとなる条件は，

$a<b+c$ かつ $b<c+a$ かつ $c<a+b$

※ a，b，c のうち最大の辺が a とわかっている場合は，$a<b+c$ のみでよい。

› 三角形の辺は，大きい角の対辺ほど長くなる。

1 次のそれぞれの図において，x の長さを求めよ。

(1)

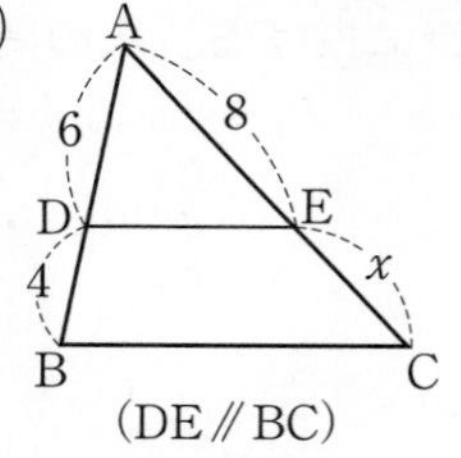

(DE∥BC)

(2)

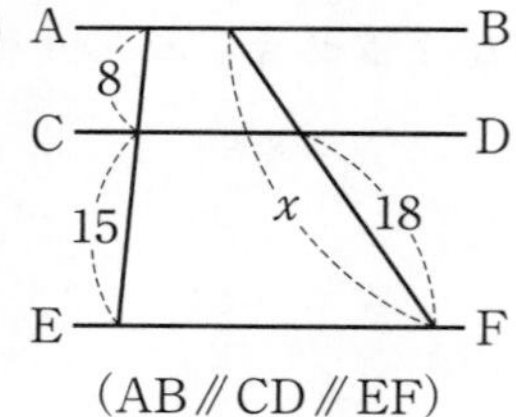

(AB∥CD∥EF)

(3)

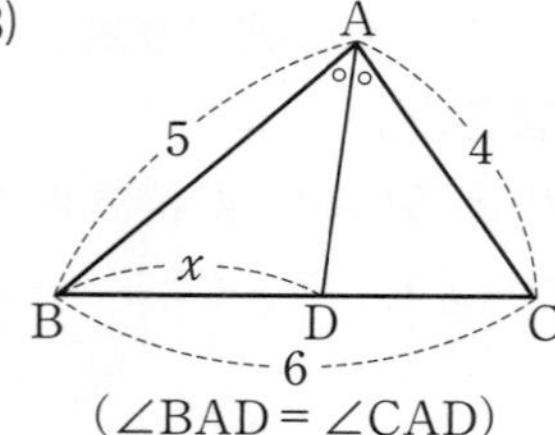

(∠BAD＝∠CAD)

☆ **2** △ABC の ∠A の外角の二等分線が辺 BC の延長と交わる点を D とする。このとき，BD：CD＝AB：AC となることを証明せよ。

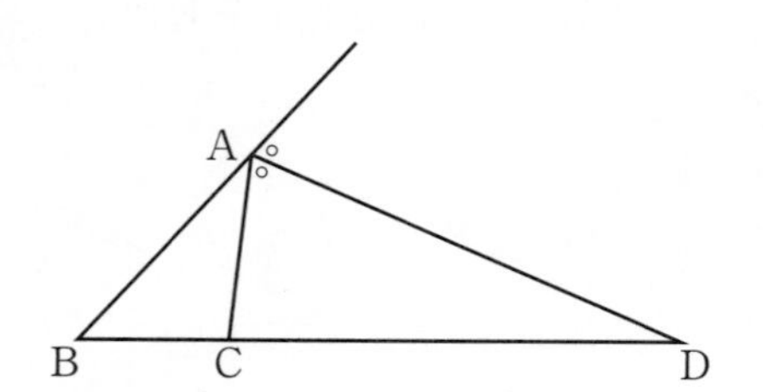

3 △ABC において，AB＞AC ならば，∠B＜∠C であることを証明せよ。

4 △ABC において，辺 BC の中点を M とする。∠B＜∠C ならば，∠BAM＜∠CAM であることを証明せよ。

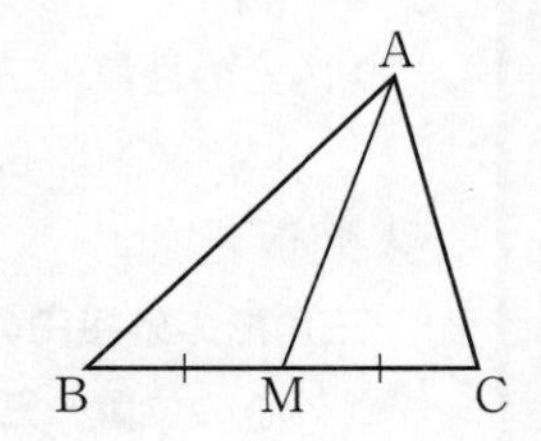

5 3 つの数，a，$a+2$，$a+5$ が三角形の 3 辺の長さを表すとき，a の値の範囲を求めよ。

☆**6** $5x$，$3x+1$，$x+8$ が三角形の 3 辺となるための実数 x の値の範囲を求めよ。　［岐阜経済大］

advice

3 AB＞AC だから，辺 AB 上に AD＝AC となる点 D をとることができる。

4 線分 AM の延長上に AM＝DM となる点 D をとれば，四角形 ABDC は平行四辺形になる。

6 どれが最大の辺であるかがわからないので，三角形の辺の長さの条件から 3 つの不等式をつくる。

三角形の五心 ①

月　日

解答 › 別冊p.11

要点整理

❶ 内心

三角形の**内接円**の中心を**内心**という。

> 内心の位置…三角形の 3 つの角の二等分線の交点

> 内心の性質…三角形の 3 つの辺から等しい距離にある。

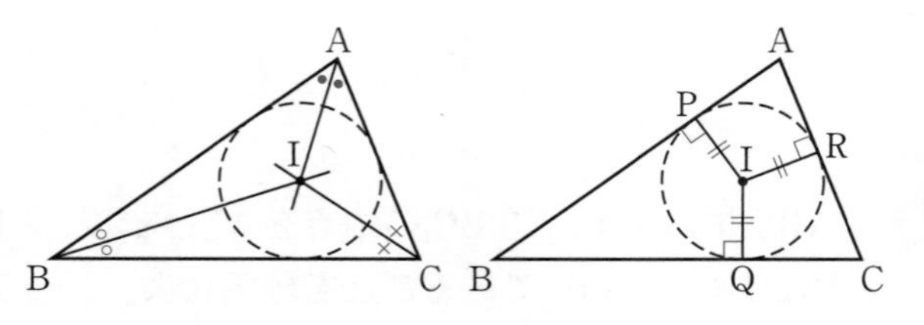

❷ 外心

三角形の**外接円**の中心を**外心**という。

> 外心の位置…三角形の 3 つの辺の垂直二等分線の交点

> 外心の性質…三角形の 3 つの頂点から等しい距離にある。

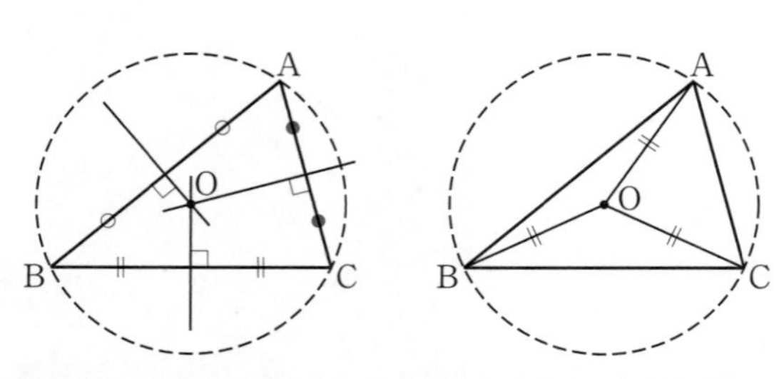

1 次のそれぞれの図において，$\angle x$ の大きさを求めよ。ただし，I は △ABC の内心，O は △ABC の外心である。

(1)

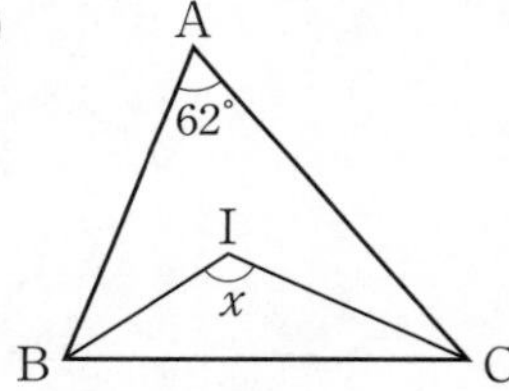

(2)

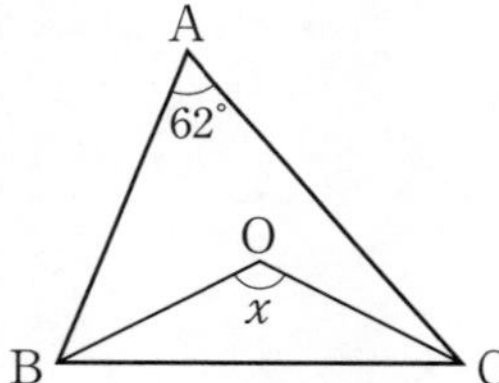

(3)

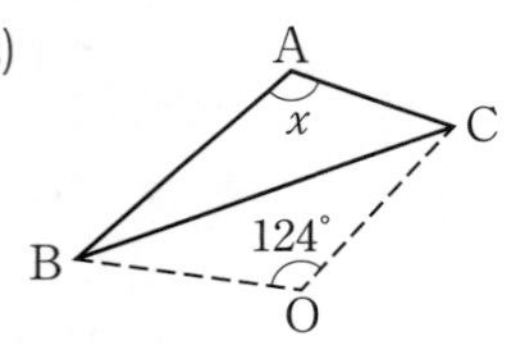

☆ **2** 右の図の △ABC において，I は内心である。このとき，BD：CD および AI：ID を求めよ。

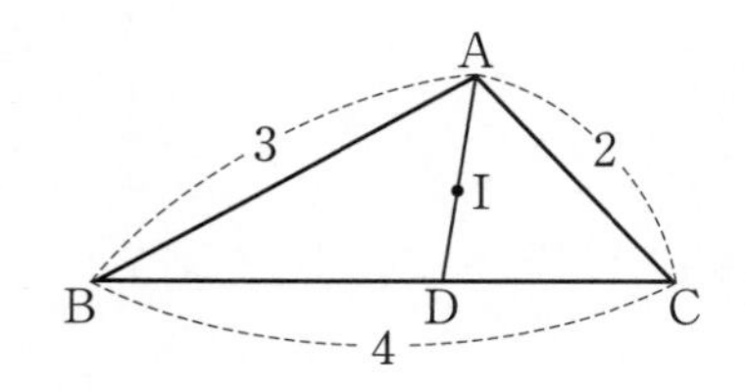

3 内心と外心が一致する三角形は正三角形であることを証明せよ。

☆**4** $AB=17$, $BC=8$, $CA=15$ である直角三角形 ABC の内接円の中心を I とし，内接円が辺 AB, BC, CA と接する点をそれぞれ P, Q, R とする。次の問いに答えよ。

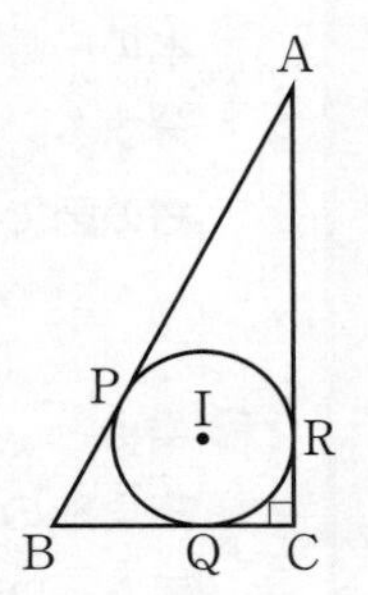

(1) AP の長さを求めよ。

(2) 内接円 I の半径を求めよ。

5 右の図で，円 O は直角三角形 ABC の内接円で，P, Q, R はその接点である。$AQ=2$, $BP=3$ のとき，円 O の半径，および，$\sin A$ の値を求めよ。

[北海道科学大]

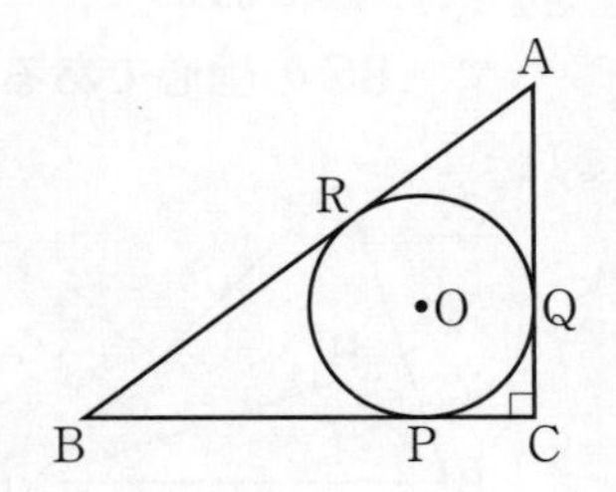

advice

2 AD は∠BAC の二等分線であるから，BD : CD = AB : AC が成り立つ。

4 接線の長さが等しいことを利用する。四角形 IQCR は正方形であることに注意。

5 四角形 OPCQ は正方形。$OP=r$ とおいて，三平方の定理を利用する。

15　三角形の五心 ②

月　日

解答 › 別冊p.12

要点整理

❶ 重心

三角形の頂点と対辺の中点を結んだ線分を**中線**といい，三角形の３本の中線の交点を**重心**という。重心は各中線を頂点から ２：１ に内分する。

右の図で，AG：GL＝２：１　BG：GM＝２：１　CG：GN＝２：１

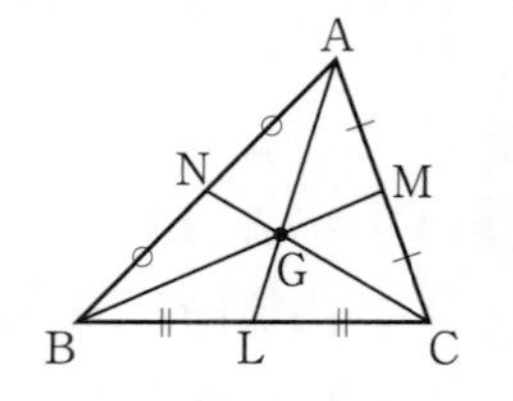

❷ 垂心

三角形の３頂点から対辺（またはその延長）に下ろした垂線の交点を**垂心**という。

❸ 傍心

三角形の１つの内角の二等分線と，他の２つの外角の二等分線の交点を**傍心**という。１つの三角形に傍心は３つある。

右の図の I_1 は∠A 内の傍心

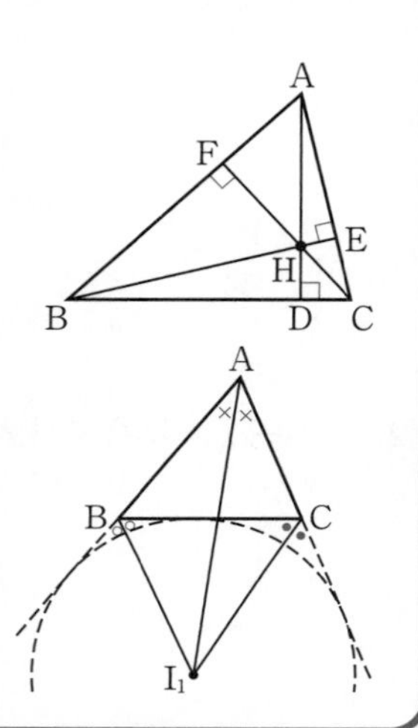

1 次の図において，∠x の大きさ，x の長さを求めよ。ただし，G は△ABC の重心，H は△ABC の垂心である。

(1)

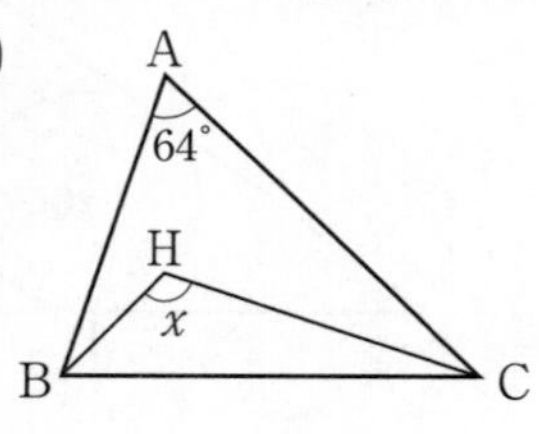

(2)

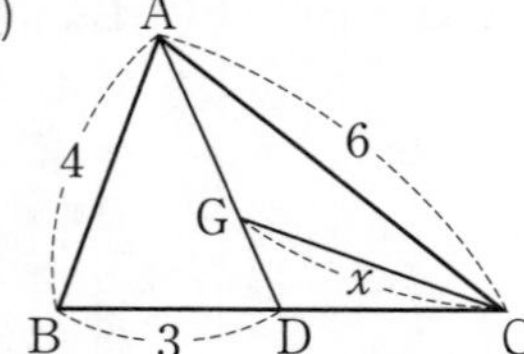

(3)

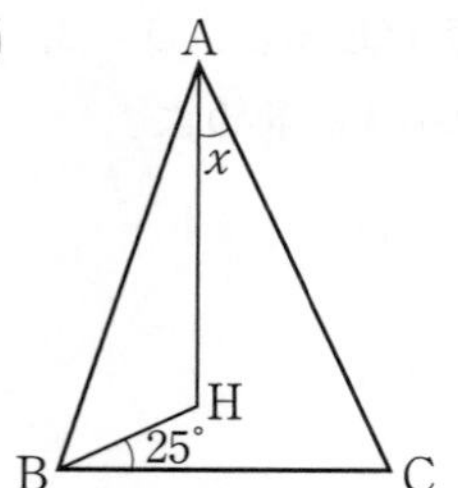

☆ **2** 右の図のように，△ABC の重心を G とすると，∠AGC＝90° となった。このとき，BG＝AC となることを示せ。

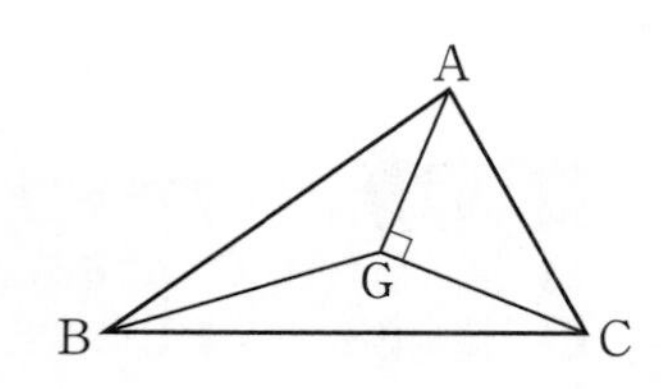

3 鋭角三角形 ABC の垂心を H とし，AH の延長が辺 BC と交わる点を D，△ABC の外接円と交わる点を K とする。このとき，HD＝KD であることを証明せよ。

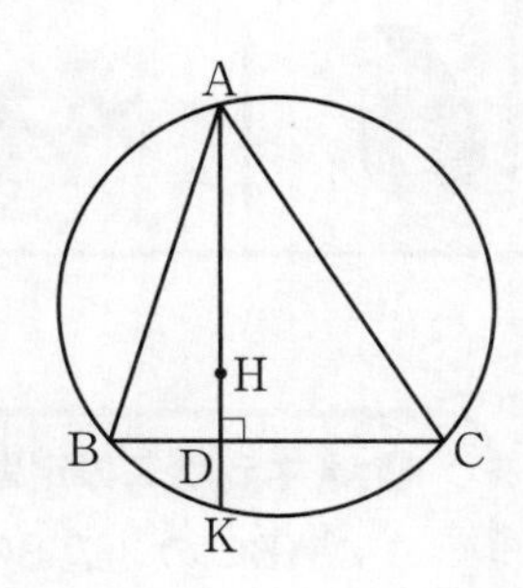

4 右の図のように，∠BAC の二等分線が △ABC の外接円と交わる点を D とし，△ABC の内心を I，∠A 内の傍心を K とする。このとき，DI＝DK であることを証明せよ。

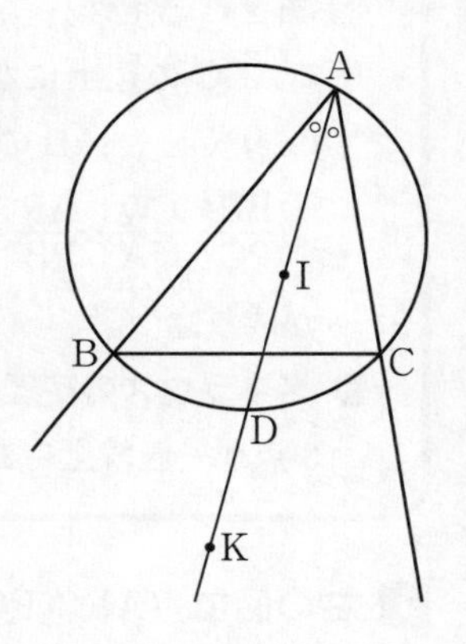

☆**5** 右の図において，△ABC の外心を O，垂心を H とする。また，△ABC の外接円と直線 CO の交点を D，点 O から辺 BC にひいた垂線を OE とし，線分 AE と線分 OH の交点を G とする。このとき，点 G は △ABC の重心であることを示せ。 ［宮崎大］

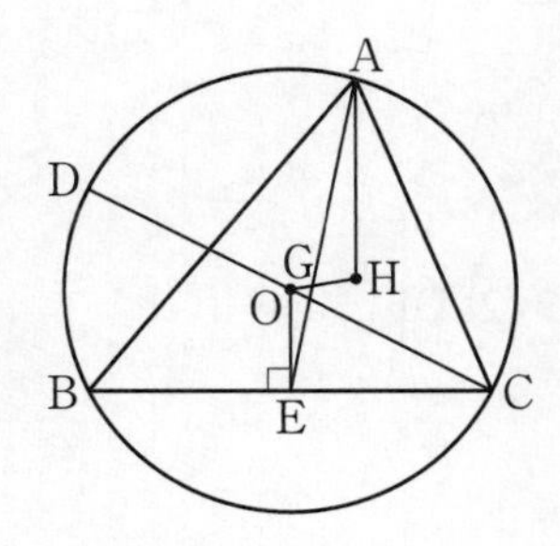

advice

3 △BHD≡△BKD であることを証明すればよい。

4 角度の関係から，DB＝DI，DB＝DK となることを示す。

5 四角形 DBHA は平行四辺形で，AH＝DB＝2OE より，AG：GE＝2：1 を示す。

16 メネラウスの定理・チェバの定理

月　日

解答 別冊p.14

要点整理

❶ メネラウスの定理

△ABC の３辺 BC，CA，AB，またはその延長とそれぞれ点 P，Q，R で交わる直線があるとき，

$$\frac{BP}{PC}\cdot\frac{CQ}{QA}\cdot\frac{AR}{RB}=1$$

が成り立つ。

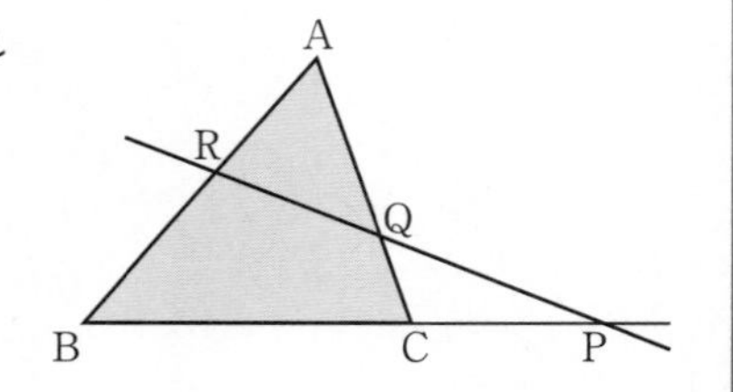

❷ チェバの定理

△ABC の辺上にない点 X があり，直線 AX と BC，BX と CA，CX と AB の交点をそれぞれ P，Q，R とするとき，

$$\frac{BP}{PC}\cdot\frac{CQ}{QA}\cdot\frac{AR}{RB}=1$$

が成り立つ。

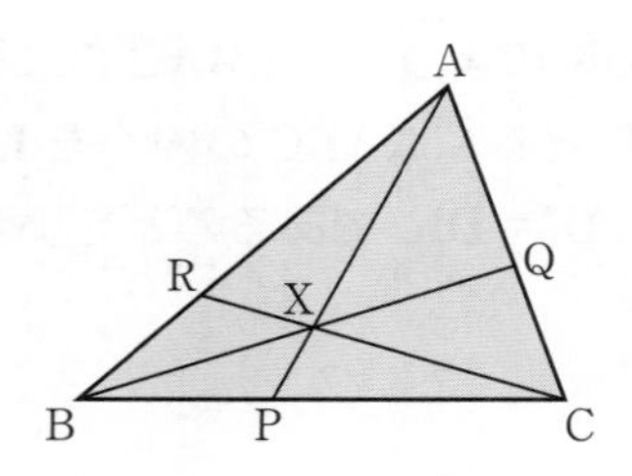

❸ メネラウスの定理・チェバの定理の逆

３点が一直線上にある条件や３直線が１点で交わる条件に利用する。

1 右の図で，AF：FC＝3：2，BE：EC＝1：2 である。このとき，次の比を求めよ。

(1) AB：BD

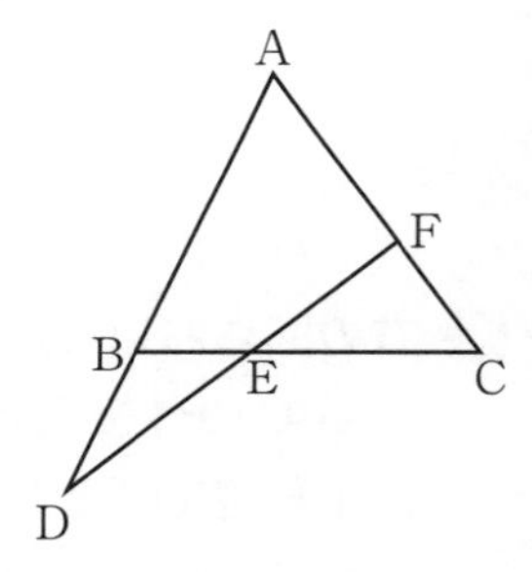

(2) DE：EF

2 右の図で，AF：FB＝1：3，AE：EC＝2：1 である。このとき，BD：DC および AP：PD を求めよ。

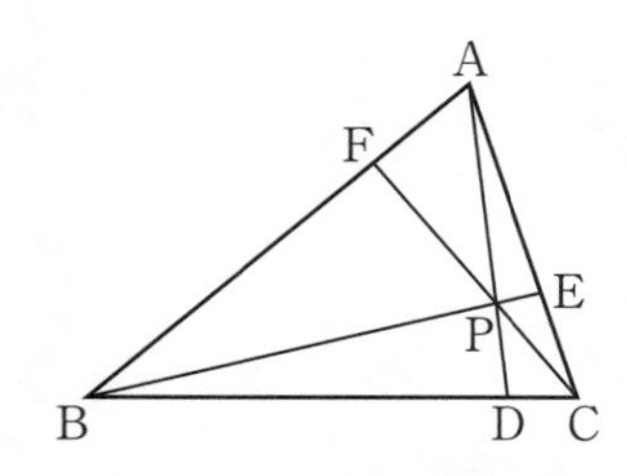

3 $AB=6$, $BC=5$, $CA=4$ である $\triangle ABC$ において，$\angle A$ の二等分線が辺 BC と交わる点を D，$\angle C$ の二等分線が辺 AB と交わる点を E，AD と CE の交点を F とする。このとき，$AF:FD$ を求めよ。

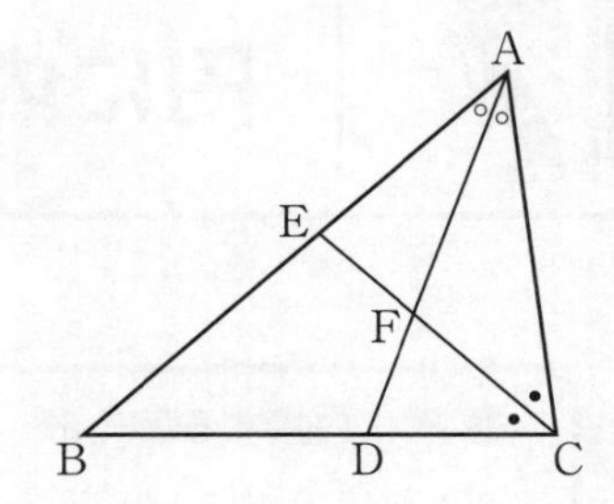

☆**4** $\triangle ABC$ の辺 BC 上に 1 点 D をとり，$\angle ADB$ の二等分線が辺 AB と交わる点を E，$\angle ADC$ の二等分線が辺 CA と交わる点を F とする。このとき，3 直線 AD，CE，BF は 1 点で交わることを証明せよ。

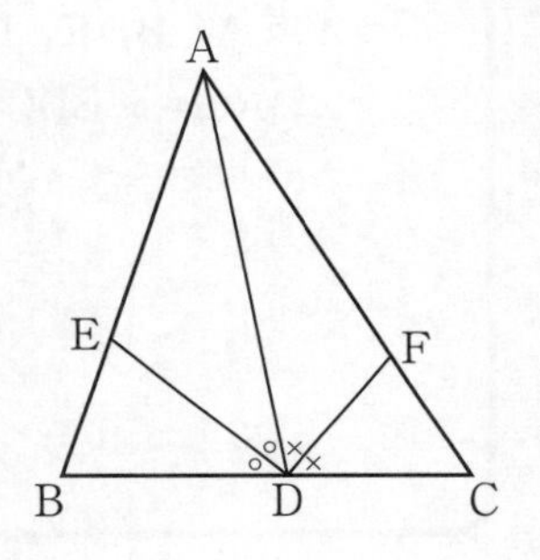

☆**5** $AB=6$, $BC=7$, $CA=5$ の三角形 ABC の辺 AB 上に点 D を $AD=2$ となるようにとり，辺 AC 上に点 E を　$AE=3$ となるようにとる。線分 BE と線分 CD の交点を F とし，線分 AF の延長と辺 BC との交点を P とする。さらに線分 DE の延長と辺 BC の延長との交点を Q とする。このとき，BP，CQ の長さを求めよ。

［中部大］

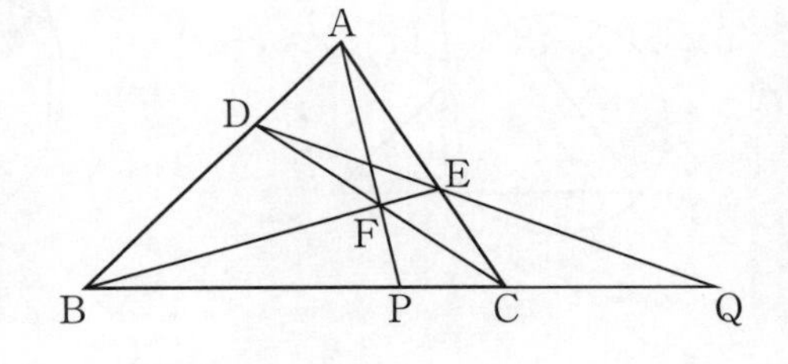

advice

3 角の二等分線の定理を用いて，$BD:CD$ をまず求める。

4 3 直線が 1 点で交わることの証明→チェバの定理の逆

5 チェバの定理により $BP:PC$ を，メネラウスの定理により $BQ:QC$ を求める。

17 円に内接する四角形

月　日

解答 › 別冊p.14

要点整理

❶ 円に内接する四角形

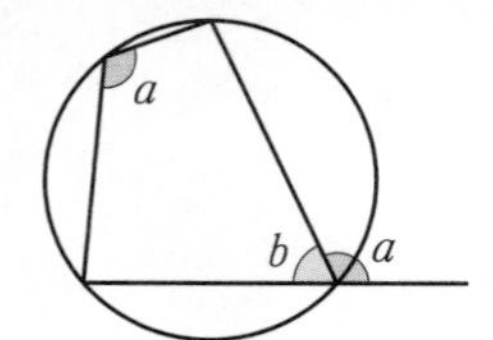

› 対角の和は 180° である。
　右の図で，$\angle a+\angle b=180°$
› 内角はその対角と隣り合う外角に等しい。

❷ 同一円周上にある４点（共円点）

› １組の対角の和が 180° であるような四角形の，４つの頂点は同一円周上にある。
› ４点 A，B，C，D について，点 A と点 D が直線 BC に関して同じ側にあって
　∠BAC＝∠BDC が成り立つとき，この４点は同一円周上にある。（円周角の定理の逆）

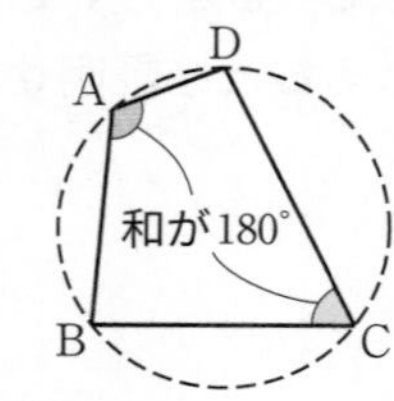

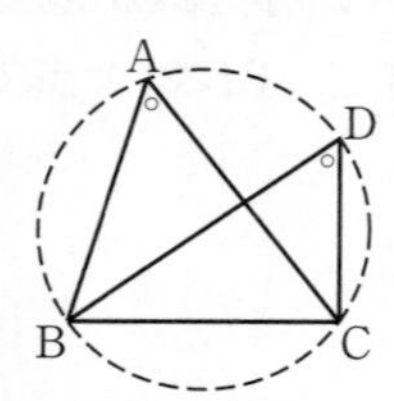

1 次のそれぞれの図で，$\angle x$ の大きさを求めよ。

(1)

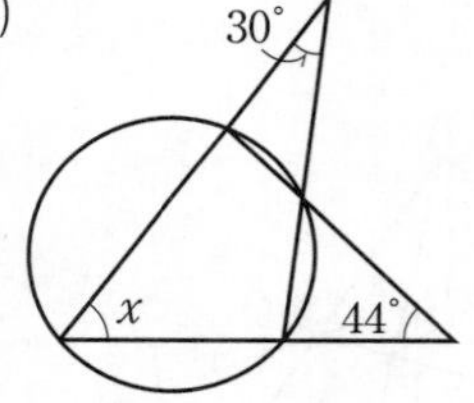

(2)

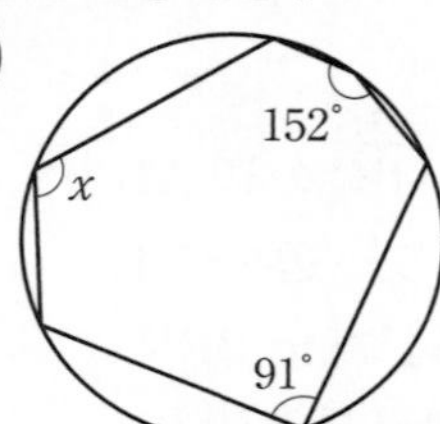

(3)

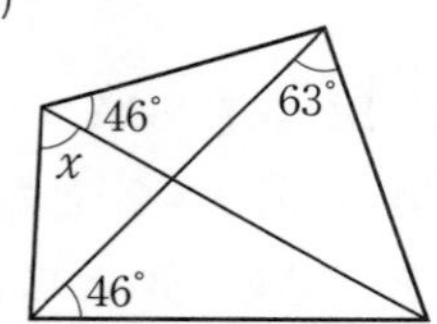

☆**2** 右の図のように，△ABC の頂点 B，C からそれぞれ辺 AC，AB に垂線 BK，CH を下ろす。このとき，∠BCH＝∠BKH となることを証明せよ。

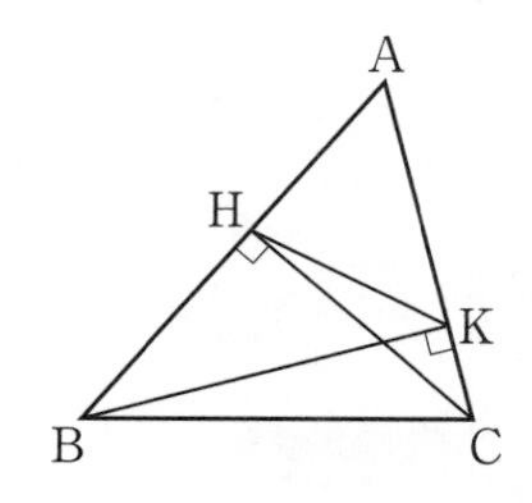

3 右の図のように，△ABC の頂点 A から辺 BC に垂線 AH を下ろし，H から辺 AB，AC にそれぞれ垂線 HK，HI を下ろす。このとき，4 点 K，B，C，I は同一円周上にあることを証明せよ。

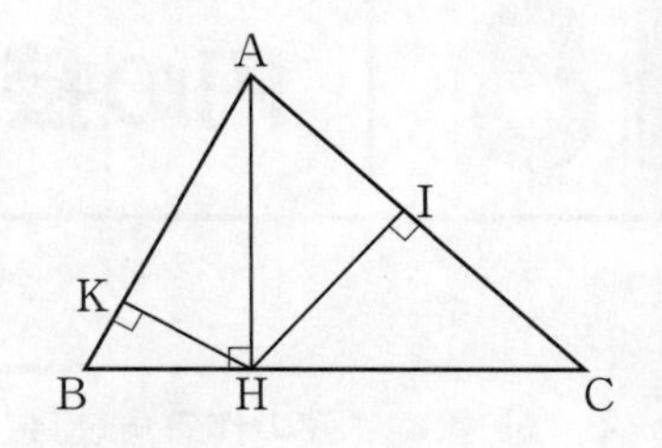

☆**4** 円に内接する四角形 ABCD の対角線の交点を E とする。AC と BD が E で直交するとき，E から CD に下ろした垂線が AB と交わる点を F とする。このとき，F は辺 AB の中点であることを証明せよ。

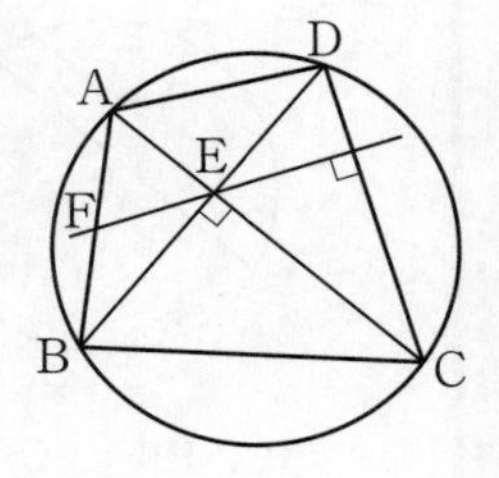

5 円に内接する四角形 ABCD において，対角線 BD 上に ∠BAE＝∠CAD となるように点 E をとる。次の問いに答えよ。 ［北星学園大］

(1) AB・CD＝AC・BE を示せ。

(2) AB・CD＋AD・BC＝AC・BD を示せ。（トレミーの定理）

advice

3 ∠AIK＝∠KBC を示す。4 点 A，K，H，I が同一円周上にあることを利用。

4 円に内接する四角形の角の関係を考えて，FA＝FE，FB＝FE であることを示す。

5 (1)△ABE∽△ACD を示す。

18　円の接線と弦・方べきの定理

月　　日

解答 ▶ 別冊p.15

要点整理

❶ 接線と弦の作る角（接弦定理）

円の接線とその接点を通る弦のつくる角は，その角の内部にある弧に対する円周角に等しい。

例　右の図において，$\angle DTB = \angle TCD$

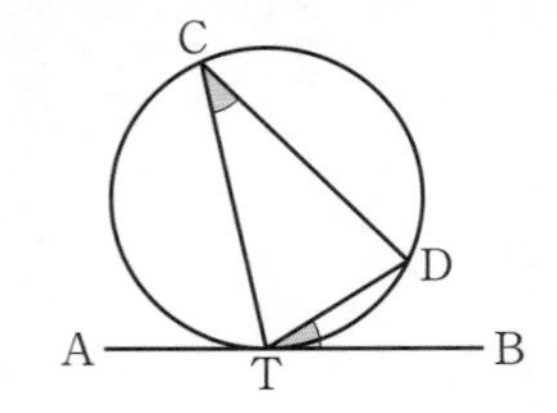

❷ 方べきの定理

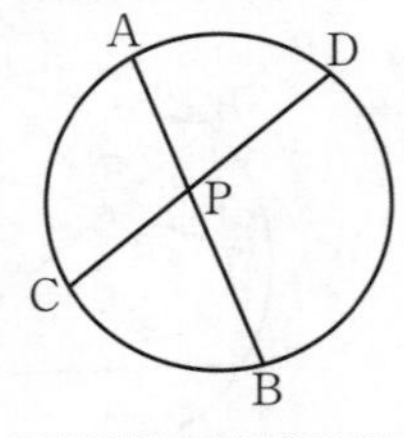

$PA \cdot PB = PC \cdot PD$

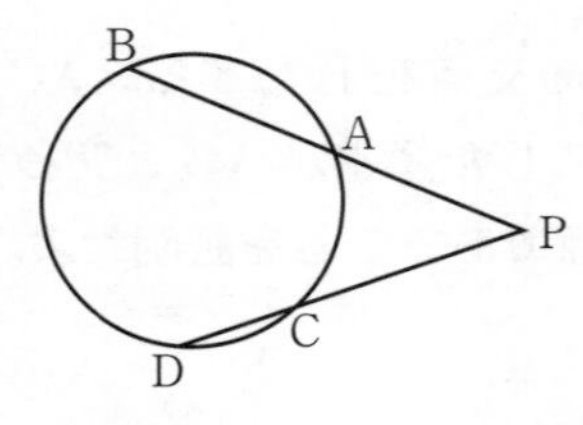

$PA \cdot PB = PC \cdot PD$

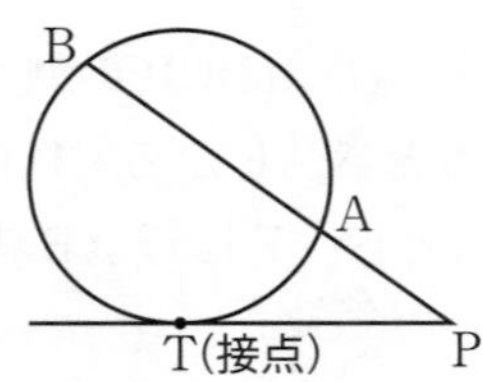

$PA \cdot PB = PT^2$

☆ **1**　O は円の中心，S，T は接点である。$\angle x$ の大きさを求めよ。

(1)

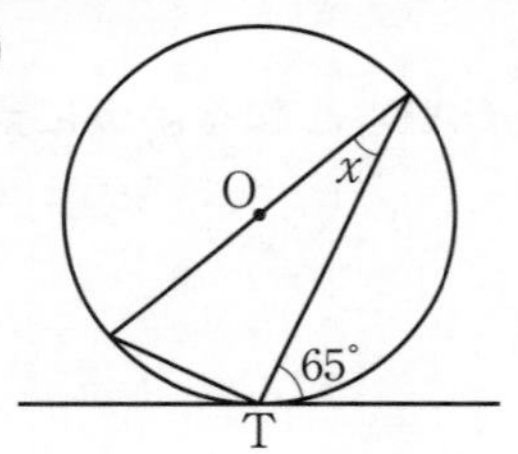

(2)

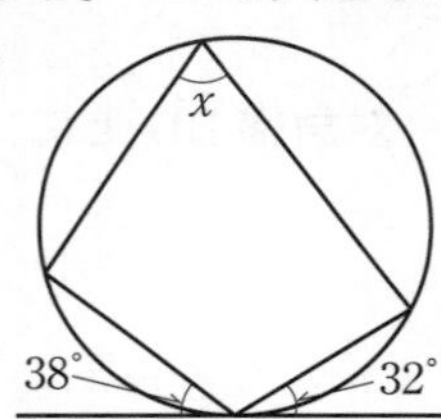

(3)

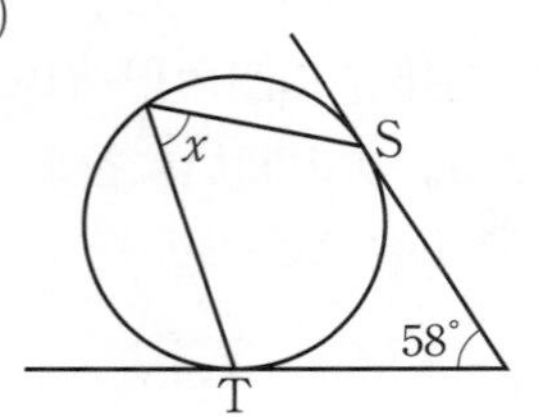

2　次のそれぞれの図において，x の長さを求めよ。

(1)

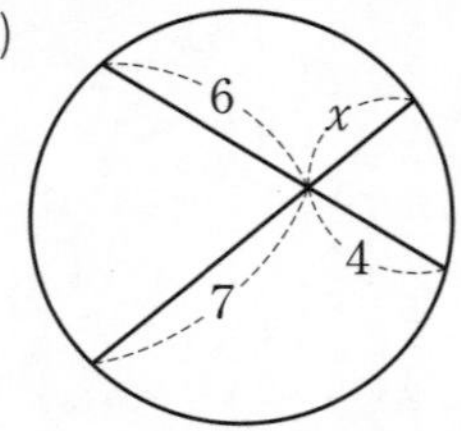

(2)

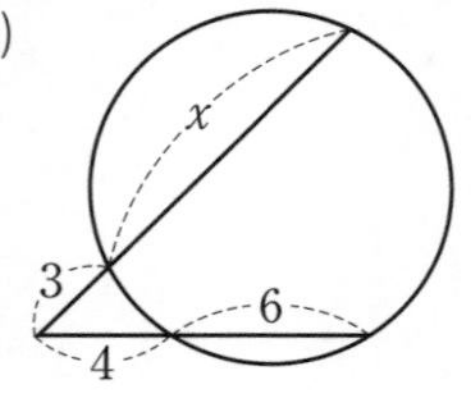

(3)

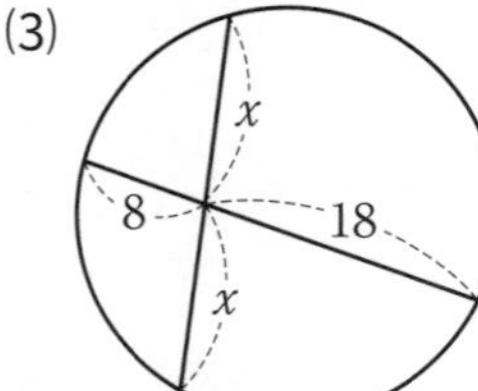

☆**3** 右の図のように，2つの円O，O′が2点A，Bで交わっている。直線AB上の1点Pから円O，O′に図のように接線PS，PTを引くとき，PS＝PT となることを証明せよ。

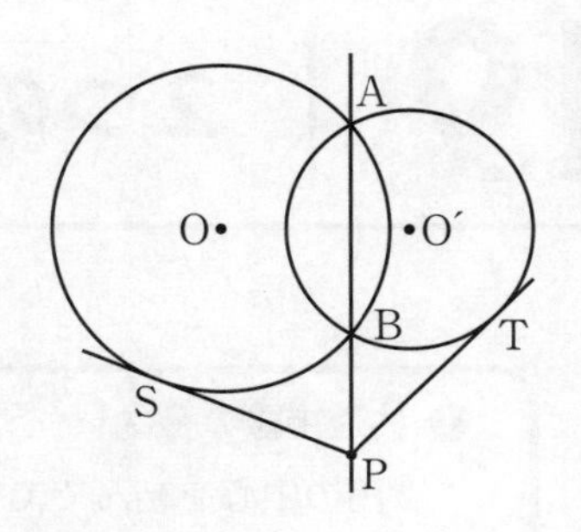

4 右の図のように，大小2つの円が点Tで内接している。小さい円周上の点Sにおける接線が大きい円と交わる点を図のようにA，Bとすると，∠ATS＝∠BTS となることを証明せよ。

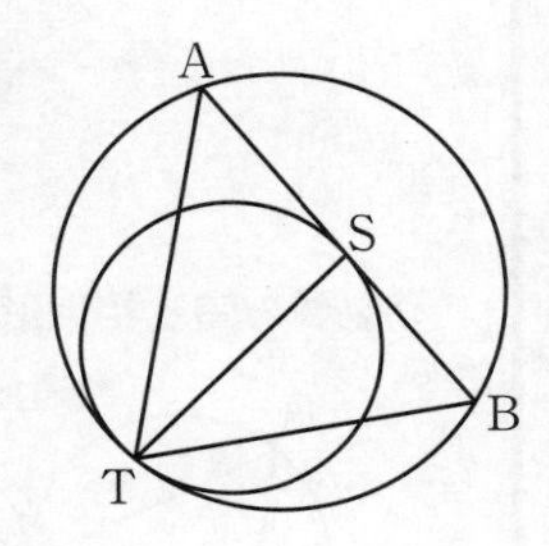

5 円Oに内接する△ABCがあり，点Aにおける円Oの接線と直線BCとの交点をDとする。このとき，Cは線分BD上にあり，BC＝5，CA＝$\sqrt{5}$，AD＝$\dfrac{10}{3}$ である。このとき，次の問いに答えよ。

［名古屋学芸大］

⑴ DCの長さ，ABの長さをそれぞれ求めよ。

⑵ △ABCの面積，△ACDの面積をそれぞれ求めよ。

advice

3 方べきの定理を用いる。
4 Tにおける2つの円に接する接線（**共通接線**）を引く。
5 ⑴ ABの長さは △ABD∽△CAD 利用して考える。

19　２つの円

月　　日

解答 › 別冊p.16

要点整理

❶ 共通接線の長さ

２円の中心を結んでできる線分を斜辺にもつ直角三角形で三平方の定理を使う。

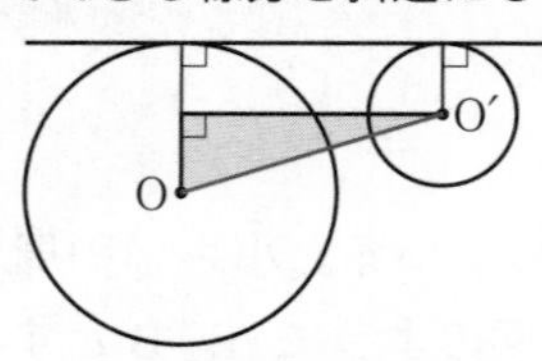

共通外接線

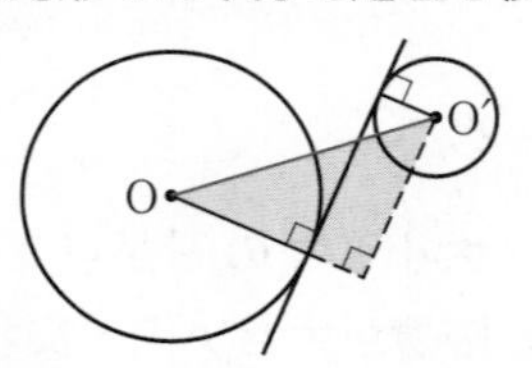

共通内接線

❷ ２つの円と相似形，平行線

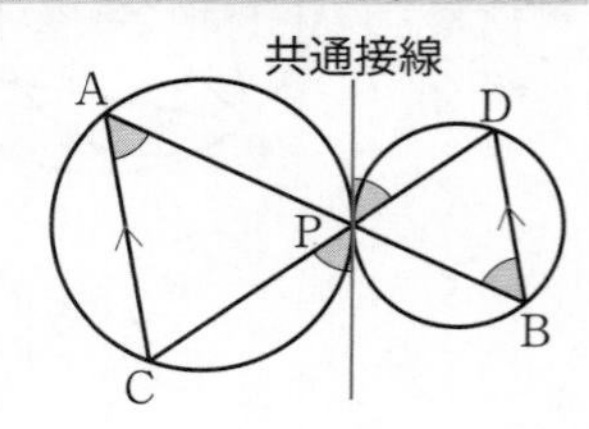

AC∥BD，△PAC∽△PBD

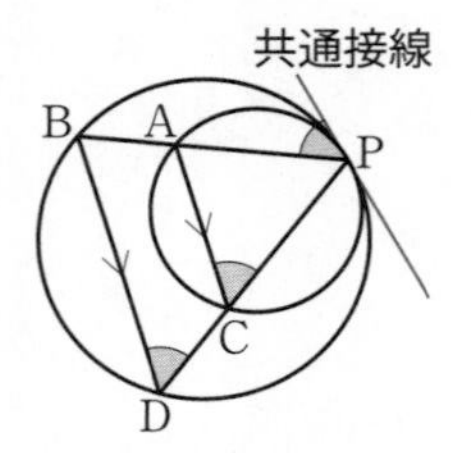

AC∥BD，△PAC∽△PBD

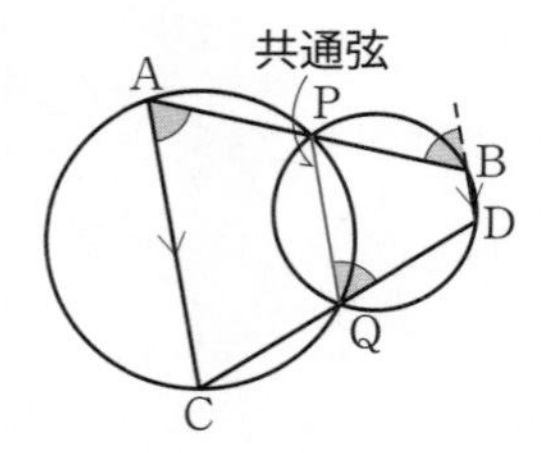

AC∥BD

1 右の図のように，半径３の円と半径５の２つの円が外接している。このとき，共通外接線の長さ（線分 AB の長さ）を求めよ。

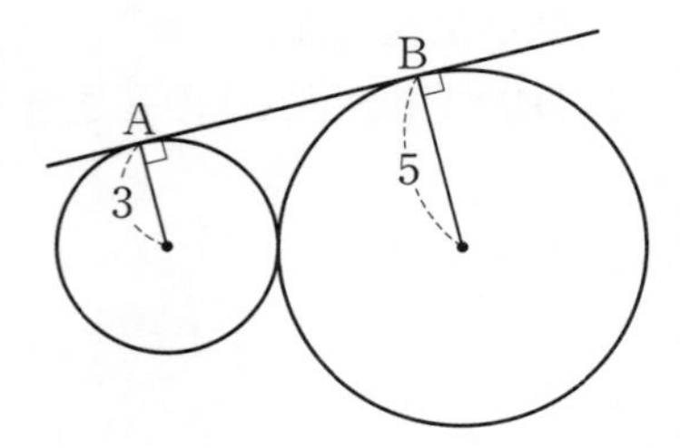

2 右の図のように，半径３の円と半径５の円に点 A，B で接する共通内接線がある。２つの円の中心間の距離が 10 であるとき，線分 AB の長さを求めよ。

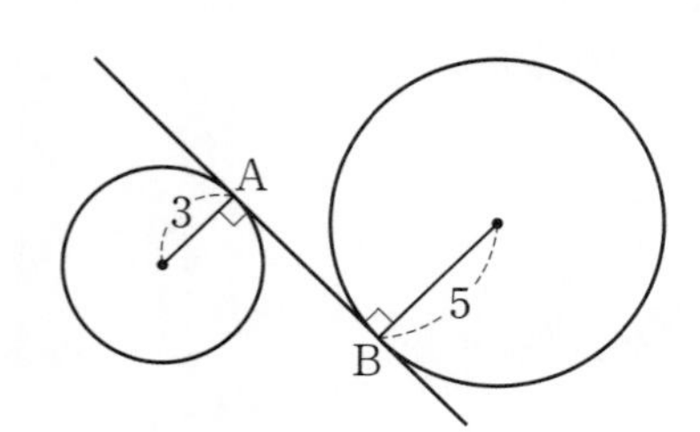

3 2円O，O′は外接していて，ABは共通の外接線である。円Oの半径が18，線分ABの長さが24であるとき，円O′の半径を求めよ。

［大阪学院大］

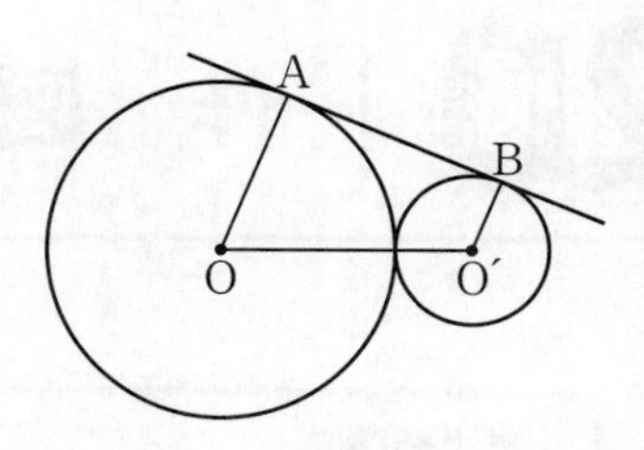

☆**4** 右の図のように，AB＝8，AD＝10である長方形ABCDの内部に，長方形の辺と接し，かつ，互いに外接する2つの円O，Pがある。円Pの半径を求めよ。

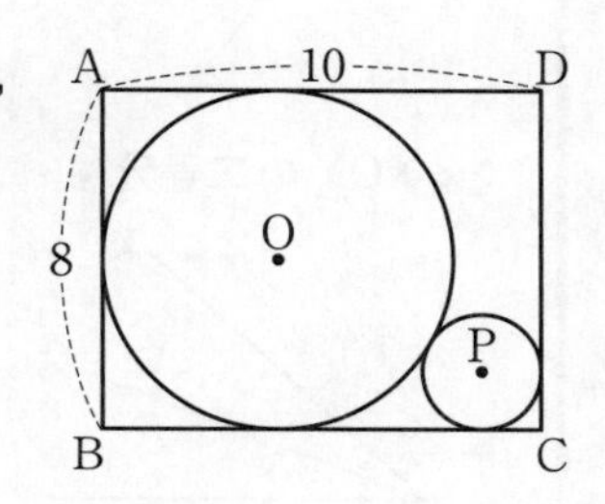

5 右の図のように，2つの円C，C'が2点P，Qで交わっている。点Pを通る直線がそれぞれの円と交わる点をA，B，点Qを通る直線がそれぞれの円と交わる点をC，Dとする。このとき，直線ABと直線CDが円C'内の点Eで交わるとすれば，△AECと△BEDは相似であることを証明せよ。

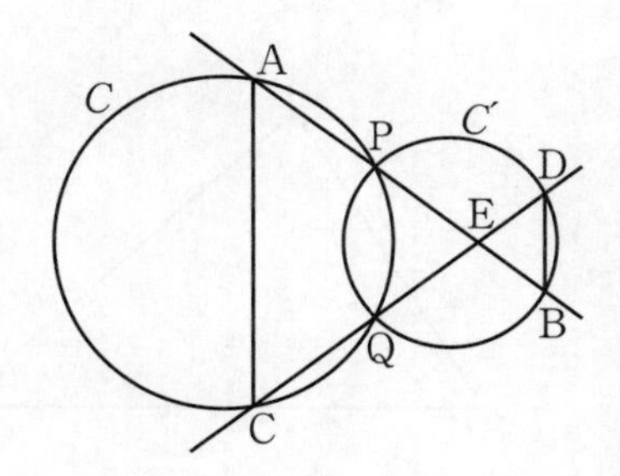

advice

3 円O′の半径をxとする。**1**と同様の方法で方程式をつくって求める。

4 円Pの半径をrとする。線分OPを斜辺とする直角三角形で三平方の定理を使う。

5 PQを結ぶ共通弦をひき，円に内接する四角形に関する定理，円周角の定理を使う。

作　図

月　日

解答 › 別冊p.17

要点整理

基本の作図

› 線分 AB の垂直二等分線

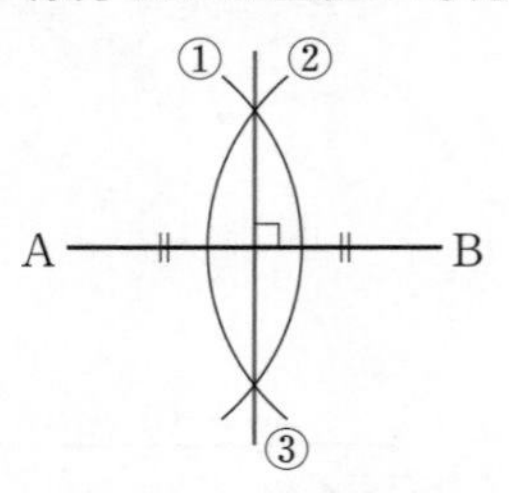

› 点 A から直線 ℓ への垂線

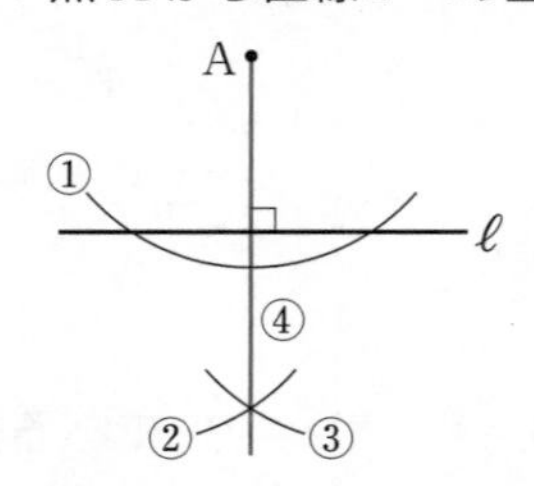

› ∠XOY の二等分線

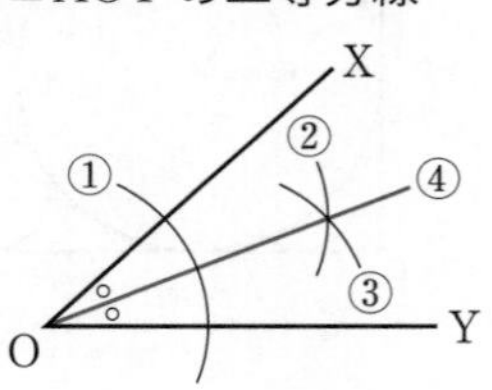

› 点 A を通る直線 ℓ の平行線

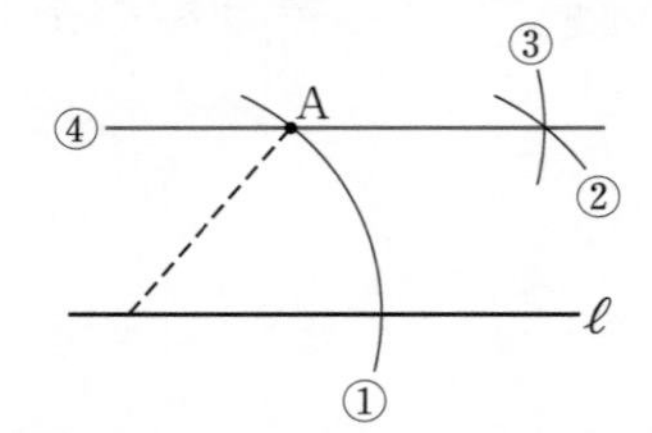

☆ **1** 下の図の △ABC の(1)外接円，(2)内接円を作図せよ。

(1)

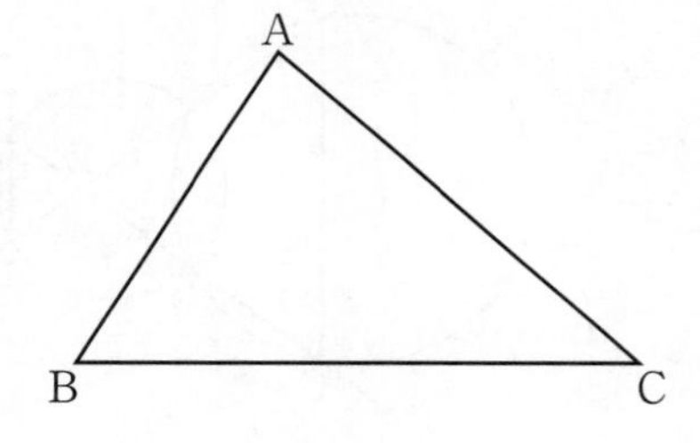

(2)

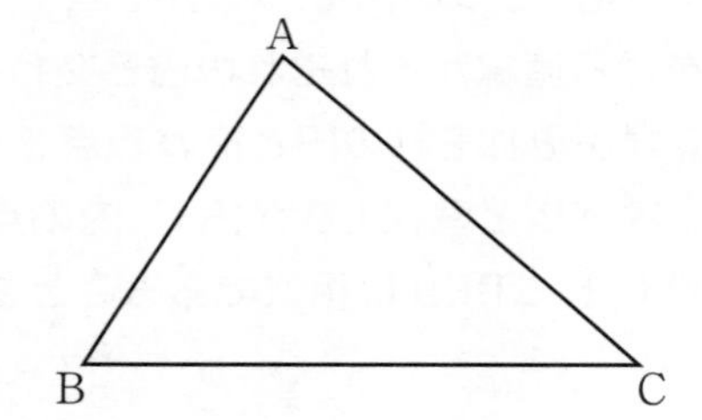

2 右下の図において，点 A で直線 ℓ と接し，点 B を通る円を作図せよ。

•B

A　ℓ

☆**3** 右の図において，点 A を通る円 O の 2 本の接線を作図せよ。

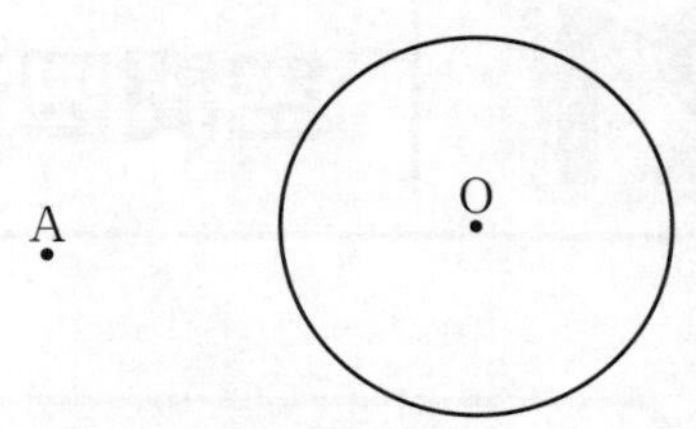

4 右の図において，AP：PB＝AQ：QC となる点 Q を線分 AC 上に作図せよ。

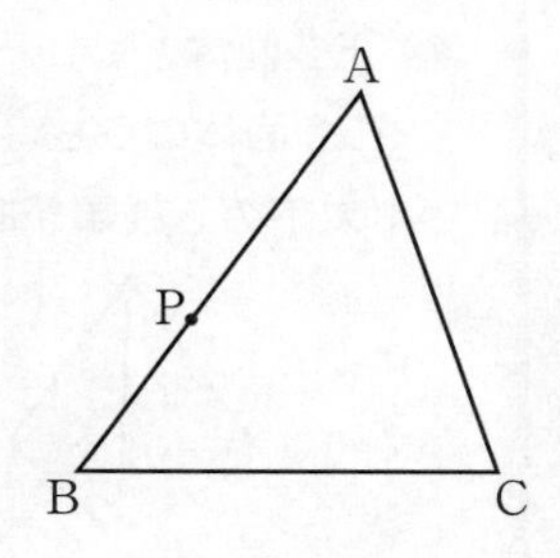

5 右の図において，半直線 BC 上に点 E をとって，四角形 ABCD と面積の等しい △ABE を作図せよ。

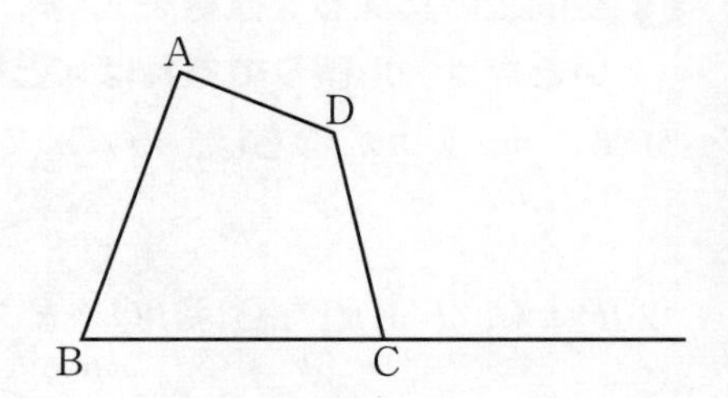

advice

3 接点を P とすると，∠APO＝90° である。AO を直径とする円を描く。

4 PQ∥BC とすれば，△APQ∽△ABC となる。

5 AC∥DE となるように点 E をとれば，四角形 ABCD＝△ABE となる。

21 空間図形

月　　日

解答 › 別冊p.18

要点整理

❶ 三垂線の定理

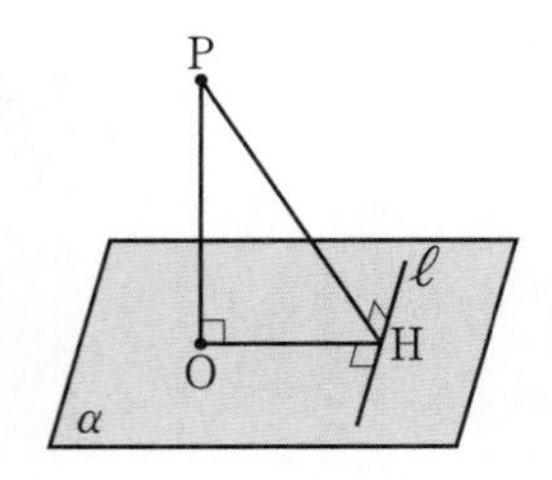

α を平面，ℓ を α 上の直線，H を ℓ 上の点，O を ℓ 上にない α 上の点，P を α 上にない点とするとき，

› $\mathrm{OP}\perp\alpha$，$\mathrm{OH}\perp\ell$ ならば，$\mathrm{PH}\perp\ell$

› $\mathrm{OP}\perp\alpha$，$\mathrm{PH}\perp\ell$ ならば，$\mathrm{OH}\perp\ell$

› $\mathrm{PH}\perp\ell$，$\mathrm{OH}\perp\ell$，$\mathrm{OH}\perp\mathrm{OP}$ ならば，$\mathrm{OP}\perp\alpha$

❷ 正多面体

凸多面体のうち，各面が合同な正多角形で，各頂点に集まる面の数，辺の数が等しいもの。
（以下の5種類がある）

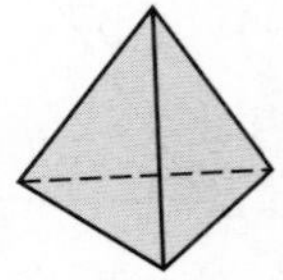
正四面体

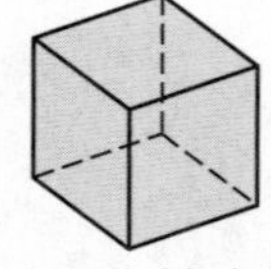
正六面体（立方体）

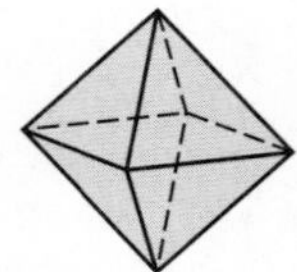
正八面体

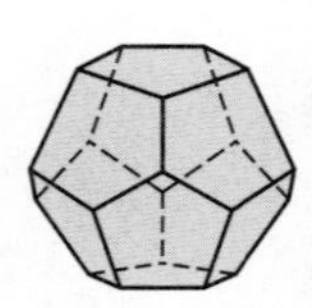
正十二面体

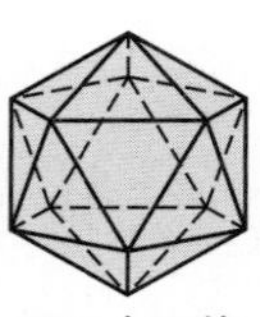
正二十面体

❸ オイラーの多面体定理

どんな多面体であっても，頂点の数を v，辺の数を e，面の数を f とすれば，
$f+v-e=2$ が成り立つ。

1 空間上の異なる3直線を ℓ，m，n とし，異なる3平面を P，Q，R とする。次の記述が正しいときは○，誤りであれば×と記せ。

(1) $\ell\perp m$，$\ell\perp n$ ならば，$m /\!/ n$ である。

(2) $P\perp Q$，$P\perp R$ ならば，$Q /\!/ R$ である。

(3) $\ell\perp P$，$m\perp P$ ならば，$\ell /\!/ m$ である。

(4) $\ell\perp P$，$\ell\perp Q$ ならば，$P /\!/ Q$ である。

(5) $P /\!/ Q$，$P /\!/ R$ ならば，$Q /\!/ R$ である。

(6) $\ell\perp P$，$m /\!/ P$ ならば，$\ell\perp m$ である。

☆**2** **右の図のような直方体 ABCD−EFGH において，D から AC に下ろした垂線を DK とする。次の問いに答えよ。**

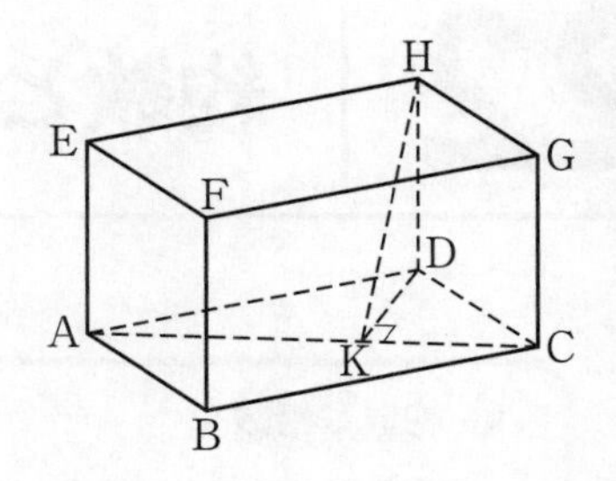

(1) $HK \perp AC$ であることを示せ。

(2) $AB=a$，$BC=b$，$AE=c$ とするとき，$\triangle HAC$ の面積を a，b，c を用いて表せ。

3 **右の図のように，立方体の 4 つの頂点 A，B，C，D を結んでできる立体がある。$AB=a$ とするとき，この立体の体積を a を用いて表せ。**

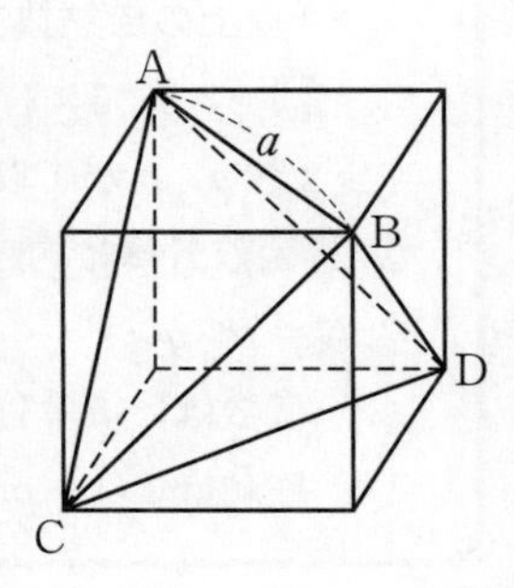

4 **右の図のように，正八面体の 8 つの面の重心を頂点とする立体について考える。次の問いに答えよ。**

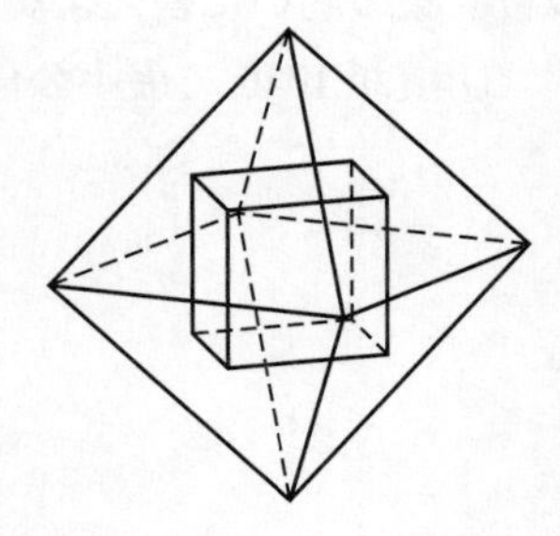

(1) この立体の名称を答えよ。

(2) 正八面体の体積を V とすると，この立体の体積はいくらになるか。

advice

2 (2) (1)より，$\triangle HAC=\frac{1}{2}\times AC\times HK$ で求めることができる。

3 立方体から 4 つの三角すいを取り除いた立体を考えればよい。

4 (2)正八面体の向かい合った頂点間の距離を a として，それぞれの体積を a で表す。

22 約数と倍数 ①

月　　日

解答 › 別冊p.19

要点整理

❶ 約数と倍数

自然数 a，b，m について，$a=bm$ が成り立つとき，a を b の**倍数**，b を a の**約数**という。

例 $28=4\times7$ だから，28 は 4 や 7 の倍数，4 や 7 は 28 の約数である。

❷ 最大公約数と最小公倍数

> a の約数でも b の約数でもある自然数を a と b の**公約数**といい，そのうち，最大の数を a と b の**最大公約数**(G.C.M. または G.C.D.)という。

> a の倍数でも b の倍数でもある自然数を a と b の**公倍数**といい，そのうち，最小の数を a と b の**最小公倍数**(L.C.M.)という。

❸ 素数・互いに素

> 2 以上の自然数で，1 とその数自身以外に約数をもたない数を**素数**という。

例 2，3，5，7，11，13，17，19，23，29，……

> 2 数 a，b が 1 以外に公約数をもたないとき，a と b は**互いに素**であるという。

❹ 素因数分解と約数の個数，総和

$N=p^a\cdot q^b\cdot r^c\cdots\cdots$ (Nは自然数) のように**素因数分解**されるとき，Nの正の約数について，

個数は，$(a+1)(b+1)(c+1)\cdots\cdots$ (個)

総和は，$(1+p+p^2+\cdots\cdots+p^a)(1+q+q^2+\cdots\cdots+q^b)(1+r+r^2+\cdots\cdots+r^c)\cdots\cdots$

☆ **1** 次の問いに答えよ。

(1) 積が 1040 で最小公倍数が 130 であるような 2 つの自然数の最大公約数を求めよ。

(2) 積が 1470 で最大公約数が 7 であるような 2 つの自然数 a，b $(a>b)$ の組をすべて求めよ。

☆**2** **3600 について，次の問いに答えよ。**

(1) 3600 を素因数分解せよ。

(2) 3600 の正の約数の個数を求めよ。

(3) 3600 の正の約数の総和を求めよ。

3 **n を自然数とするとき，$n+1$ と $n+2$ は互いに素であることを証明せよ。**

4 **n を自然数とする。$N=n^3-8$ が素数であるとき，素数 N を求めよ。**

5 **5^n が 30! の約数となるような自然数 n のうち最大のものを求めよ。** ［龍谷大］

advice

3 $n+1$ と $n+2$ が 1 より大きい最大公約数 G をもつと仮定して矛盾を導く。

4 $n^3-8=(n-2)(n^2+2n+4)$ と因数分解して考える。

5 30! を素因数分解したときの素因数 5 の個数を求める。

23 約数と倍数 ②

月　　日

解答 › 別冊p.20

要点整理

❶ 余りによる分類

例 すべての自然数は，ある自然数 k を用いて，$3k$，$3k-1$，$3k-2$ のようにに表すことができる。→証明に利用

❷ 連続する自然数の積

- 連続する 2 つの自然数の積……2 の倍数
- 連続する 3 つの自然数の積……6 の倍数
- 連続する 4 つの自然数の積……24 の倍数

❸ 自然数 N と互いに素である N 以下の自然数

$N=p^a\cdot q^b\cdot r^c\cdots\cdots$ と素因数分解されるとき，N と互いに素である N 以下の自然数の個数は，

$$N\left(1-\frac{1}{p}\right)\left(1-\frac{1}{q}\right)\left(1-\frac{1}{r}\right)\cdots\cdots(\text{個})$$

1 次のそれぞれの事柄を証明せよ。

(1) 奇数の 2 乗から 1 をひいた数は 8 の倍数である。

(2) n を自然数とするとき，$n(n+1)(2n+1)$ は 6 の倍数である。

(3) n を自然数とするとき，n^2 を 4 で割った余りは 0 または 1 である。

☆ **2** 次の問いに答えよ。

(1) 240 以下の自然数で，240 と互いに素であるものは何個あるか。

(2) (1) で求めた自然数の総和はいくらか。

☆ **3** 次の問いに答えよ。

(1) n を自然数とするとき，n^2 を 3 で割った余りは 0 または 1 であることを証明せよ。

(2) 3 つの自然数 a，b，c が $a^2+b^2=c^2$ を満たすとき，a，b，c のうち少なくとも 1 つは 3 の倍数であることを示せ。

4 **n が奇数のとき，$S=n+(n+1)^2+(n+2)^3$ は 16 の倍数であることを示せ。** ［富山大］

advice

2 (2) 240 と a が互いに素であるとき，$240-a$ も 240 と互いに素となることを利用する。

3 (2) a，b，c がすべて 3 の倍数でないと仮定して，矛盾を導く。

4 $n=2k-1$ (k は整数) とおいて，S を k の式で表す。

24 不定方程式 ①

月　　日

解答 ▶ 別冊p.21

要点整理

❶ **ユークリッドの互除法**

a を b で割った余りを r とすると，(a **と** b **の最大公約数**)＝(b **と** r **の最大公約数**)

❷ **2 元 1 次不定方程式（$ax+by=c$）の整数解**

ユークリッドの互除法などを利用して，まず，1 組の**整数解**を求める。

1 ユークリッドの互除法を用いて，次の各組の数の最大公約数を求めよ。

(1) 518 と 1184　　　(2) 2015 と 3042

2 次の方程式を満たす整数 x，y の組を，互除法を用いて 1 組求めよ。

(1) $17x+8y=1$　　　(2) $131x-38y=1$

☆ **3** m と n が互いに素である自然数とするとき，$7m+3n$ と $9m+4n$ は互いに素であることを証明せよ。

☆ **4** 次の方程式を満たす整数解をすべて求めよ。

(1) $13x+4y=1$　　　(2) $31x-13y=2$

5 7 で割ると 4 余り，11 で割ると 3 余るような自然数のうち，3 桁(けた)で最大のものを求めよ。

6 次の(1)〜(5)の空欄を埋めよ。

自然数 $N(N \geqq 10)$ が 17 の倍数であることを判定する 1 つの方法として，次の命題がある。

命題「自然数 N の一の位を除いた数から一の位の数の 5 倍を引いた数が 17 の倍数であれば，N は 17 の倍数である」

例えば，2023 の場合，一の位を除いた数は 202 で，一の位の数 3 の 5 倍は 15 である。したがって，$202-15=187=11\times17$ より 17 の倍数となり，$2023=7\times17\times17$ も 17 の倍数であることが分かる。

この命題が成り立つことを示す。N は，自然数 a と整数 $b(0\leqq b\leqq9)$ を用いて，$N=10a+b$ と表される。このとき，「一の位を除いた数から一の位の数の 5 倍を引いた数」は，[(1)] と表される。[(1)] が 17 の倍数であれば整数 k を用いて [(1)] $=17k$ とおけるので，N は a を消去することにより $N=17($[(2)]$)$ となる。したがって，[(2)] は整数であることより，命題は成立する。

なお，この命題の逆，すなわち，「自然数 N が 17 の倍数ならば，N の一の位を除いた数から一の位の数の 5 倍を引いた数は 17 の倍数となる」も成立する。

次に，1 次不定方程式 $7x+17y=1$ の整数解の組 $(x,\ y)$ を考える。この整数解の組のうち，x の値が最も小さい自然数であるのは $($[(3)]$)$ である。また，この 1 次不定方程式を満たす整数解の組 $(x,\ y)$ のうち，和 $x+y$ が 17 の倍数で最も小さい自然数は $x+y=$ [(4)] である。そのときの整数解の組は $(x,\ y)=($[(5)]$)$ である。

[立命館大]

advice

3 最大公約数が 1 であることを示す。ユークリッドの互除法を利用。

4 (1)まず，1 つの解(例えば，$x=1,\ y=-3$)を求める。

5 $m,\ n$ を自然数として，方程式 $7m+4=11n+3$ を満たす $m,\ n$ を考える。

25 不定方程式 ②

月　　日

解答 ▶ 別冊p.22

要点整理

❶ 2元2次不定方程式

- 「(　　)(　　)＝整数」の形に変形して考える。
- 1つの文字について解く→約数・倍数の関係を利用

❷ 3文字以上の自然数解

例えば，$x \leqq y \leqq z$ などと大小関係を設定し，入れ替えを考える。

☆ **1** $xy+3x+2y=5$ ……① について，次の問いに答えよ。

(1) $xy+3x+2y+6$ を因数分解せよ。

(2) ①を満たす整数の組 $(x,\ y)$ をすべて求めよ。

2 次の方程式を満たす自然数の組 $(x,\ y)$ をすべて求めよ。

(1) $x^2-y^2=385$

(2) $\dfrac{1}{x}+\dfrac{3}{y}=1$

3 $\sqrt{n^2+99}$ が自然数となるような自然数 n をすべて求めよ。

4 $a+2b+3c=12$ となる自然数の組 $(a,\ b,\ c)$ は全部で何組あるか。

☆ **5** $\dfrac{1}{x}+\dfrac{1}{y}+\dfrac{1}{z}=1$ ……① を満たす自然数の組 $(x,\ y,\ z)$ について考える。次の問いに答えよ。

(1) $x \leqq y \leqq z$ とするとき，①を満たす $(x,\ y,\ z)$ をすべて求めよ。

(2) $x \leqq y \leqq z$ の条件がないとき，①を満たす $(x,\ y,\ z)$ は何組あるか。

6 次の(1)，(2)の空欄を埋めよ。

$xy=(x+2)^2$ を満たす整数の組 $(x,\ y)$ は [(1)] 組あり，そのうち，xy が正になるのは [(2)] 組ある。

［文教大］

advice

2 (2)両辺に xy をかけて，(　　)(　　)＝整数 の形に変形する。

3 $\sqrt{n^2+99}=m$ (m は自然数) とおいて，両辺を 2 乗する。

5 (1) $\dfrac{1}{x}+\dfrac{1}{x}+\dfrac{1}{x} \geqq \dfrac{1}{x}+\dfrac{1}{y}+\dfrac{1}{z}=1$ より，$x \leqq 3$ とわかる。

整数の性質の活用

月　　日

解答 › 別冊p.24

要点整理

❶ 素数に関する問題

素数 p が $p=AB$ と表されるとき，

$(A,\ B)=(p,\ 1),\ (1,\ p),\ (-p,\ -1),\ (-1,\ -p)$

のいずれかである。

❷ 余りに関する証明問題

整数 n を $n=3k,\ 3k+1,\ 3k+2$（k は整数）などのように剰余によって分類する。

❸ 合同式の活用

整数 m，n を p（p は正の整数）で割ったときの余りが等しいとき，m と n は **p を法として合同**であるといい，$\boldsymbol{m\equiv n\ (\mathrm{mod}\ p)}$ と書く。

例 11 と 8 とは 3 で割ったときの余りが等しいから，$11\equiv 8\ (\mathrm{mod}\ 3)$

1 次の問いに答えよ。

(1) $m^2-16m+55$ を因数分解せよ。

(2) $m^2-16m+55$ の値が素数となるような整数 m をすべて求めよ。

☆ **2** $\boldsymbol{n}$ を自然数，$\boldsymbol{p}$ を素数とする。次の問いに答えよ。

(1) $n^3+1=p$ となる組 $(n,\ p)$ をすべて求めよ。

(2) $n^3+1=p^2$ となる組 $(n,\ p)$ をすべて求めよ。

☆ **3** **次の問いに答えよ。**

(1) 奇数の平方を 4 で割ったときの余りは 1 になることを証明せよ。

(2) 11，111，1111，11111 のように 1 ばかりが 2 個以上並んだ自然数は平方数にならないことを証明せよ。

4 **整数 a を 12 で割ったときの余りが 2，整数 b を 12 で割ったときの余りが 5 のとき，次の数を 12 で割ったときの余りを求めよ。**

(1) $a+b$

(2) ab

(3) $20a$

(4) a^{20}

5 **n を 3 より大きい自然数とするとき，n，$n+2$，$n+4$ のうちいずれか 1 つは素数ではないことを証明せよ。**

［早稲田大－改］

advice

2 (1) $n^3+1=(n+1)(n^2-n+1)$ と因数分解すると，$n+1>1$ より，$n^2-n+1=1$ である。

3 (2) 111…11 を 4 で割った余りは 3 である。

5 $n=3k-2$，$3k-1$，$3k$（k は 2 以上の整数）の 3 つに分類する。

編集協力　エデュ・プラニング
装丁デザイン　ブックデザイン研究所
本文デザイン　A.S.T DESIGN
図　版　京都地図研究所

大学入試 ステップアップ 数学A【基礎】

編著者　大学入試問題研究会
発行者　岡　本　泰　治
印刷所　岩　岡　印　刷

発行所　受験研究社

〒550-0013 大阪市西区新町2丁目19番15号
注文・不良品などについて：(06)6532-1581(代表)／本の内容について：(06)6532-1586(編集)

Printed in Japan　高廣製本
落丁・乱丁本はお取り替えします。

第１章　場合の数と確率

01 集合の要素の個数　(pp.4〜5)

1　(1) 5　(2) 0　(3) 11　(4) 33

解説

(3) A を(1)と同じ記法で表すと,

$A=\{10, 11, 12, 13, 14, 15, 16, 17, 18, 19, 20\}$

(4) $3=3\times1$, $99=3\times33$ より, $n(A)=33$

2　(1) 2　(2) 13

解説

$A\cap B=\{11, 13\}$, $A\cup B=\{2, 3, 5, 7, 8, 9, 10, 11, 12, 13, 14, 17, 19\}$ である。

3　75 個

解説

300 以下の自然数のうち, 4 の倍数の集合を A, 6 の倍数の集合を B とすると,

$4=4\times1$, $300=4\times75$ より, $n(A)=75$

$6=6\times1$, $300=6\times50$ より, $n(B)=50$

4 と 6 の最小公倍数である 12 の倍数を考えると,

$12=12\times1$, $300=12\times25$ より, $n(A\cap B)=25$

よって, $n(A\cup B)-n(A\cap B)=75+50-25\times2=75$

4　(1) 16 個　(2) 100 個　(3) 100 個

解説

200 以下の自然数で, 3 の倍数の集合を A, 4 の倍数の集合を B とすると,

$3=3\times1$, $198=3\times66$ より, $n(A)=66$

$4=4\times1$, $200=4\times50$ より, $n(B)=50$

(1) 3 と 4 の最小公倍数である 12 の倍数を考えると,

$12=12\times1$, $192=12\times16$ より, $n(A\cap B)=16$

(2) $n(A\cup B)=n(A)+n(B)-n(A\cap B)$

$=66+50-16=100$

(3) $n(\overline{A}\cap\overline{B})=n(\overline{A\cup B})=200-n(A\cup B)=100$

Point

和集合の要素の個数

$n(A\cup B)=n(A)+n(B)-n(A\cap B)$

5　5 名

解説

パソコンを持っている生徒の集合を A, 携帯電話を持っている生徒の集合を B とすると,

$n(A)=26$, $n(B)=33$, $n(A\cap B)=24$

これより, $n(A\cup B)=26+33-24=35$

よって, $n(\overline{A}\cap\overline{B})=n(\overline{A\cup B})=40-35=5$

6　(1) 43 個　(2) 952 個

解説

(1) 1 から 100 までの整数で, 3 で割り切れる数の集合を A, 7 で割り切れる数の集合を B とすると,

$3=3\times1$, $99=3\times33$ より, $n(A)=33$

$7=7\times1$, $98=7\times14$ より, $n(B)=14$

3 と 7 の最小公倍数である 21 の倍数を考えると,

$21=21\times1$, $84=21\times4$ より, $n(A\cap B)=4$

よって, $n(A\cup B)=n(A)+n(B)-n(A\cap B)=43$

(2) 1 から 10000 までの整数で, 3 で割り切れる数の集合を A, 7 で割り切れる数の集合を B とすると,

$7=7\times1$, $9996=7\times1428$ より, $n(B)=1428$

$21=21\times1$, $9996=21\times476$ より, $n(A\cap B)=476$

よって, $n(\overline{A}\cap B)=n(B)-n(A\cap B)=952$

02 場合の数　(pp.6〜7)

1　(1) 12 通り　(2) 18 通り　(3) 10 通り

解説

(1)

```
    A < B
        C
A — B < A
        C
    C < A
        B

B < A < A
        C
    C — A

C < A < A
        B
    B — A
```

(2) 最初に頂点 B へ移動する場合の樹形図は次のようになる。

最初に頂点 D, 頂点 E へ移動する場合も同様である。

ひっぱると、はずして使えます。

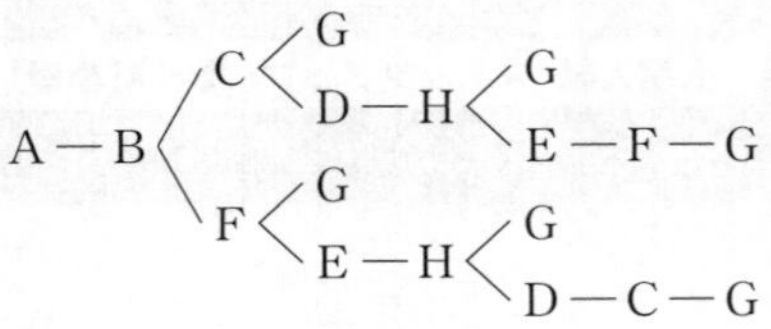

```
            G
        C <
            D — H < G
A — B <             E — F — G
            G
        F <
            E — H < G
                    D — C — G
```

よって，$6 \times 3 = 18$（通り）

(3)

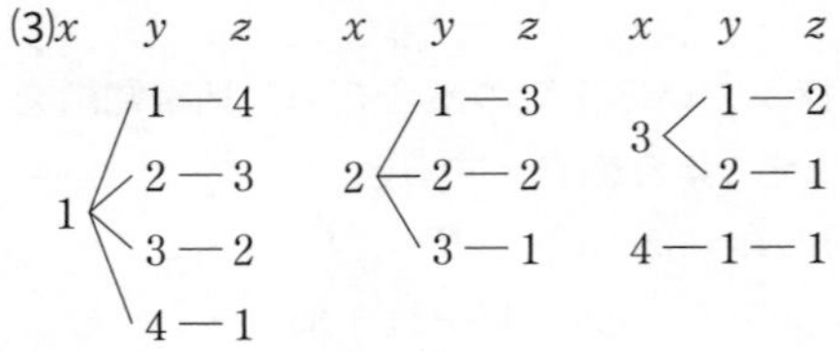

```
x   y   z      x   y   z      x   y   z
    1 — 4          1 — 3       3 < 1 — 2
1 < 2 — 3      2 < 2 — 2           2 — 1
    3 — 2          3 — 1       4 — 1 — 1
    4 — 1
```

よって，$x+y+z=6$ になるのは，

$4+3+2+1=10$（通り）

2 (1) 21 通り　(2) 20 通り　(3) 54 通り

解説

(1)和が 8 になるさいころの目の数の組合せは，大中小の順に，

116，125，134，143，152，161，215，224，233，242，251，314，323，332，341，413，422，431，512，521，611 の 21 通り。

(2) 321，432，431，421，543，542，541，532，531，521，654，653，652，651，643，642，641，632，631，621 の 20 通り。

(3)大の目の出方は 3 通り，中の目の出方も 3 通り，小の目の出方は 6 通りなので，積の法則より，

$3 \times 3 \times 6 = 54$（通り）

3 11 通り

解説

取り出すりんごの個数で場合分けを行う。

りんご，みかん，バナナの順に，

(i) りんごが 0 個の場合，(0，1，3)，(0，2，2)，(0，3，1)，(0，4，0) の 4 通り。

(ii) りんごが 1 個の場合，(1，0，3)，(1，1，2)，(1，2，1)，(1，3，0) の 4 通り。

(iii) りんごが 2 個の場合，(2，0，2)，(2，1，1)，(2，2，0) の 3 通り。

(i)～(iii) より，$4+4+3=11$（通り）

Point

いちばん個数の少ないものに着目して場合分けすると，求めやすくなる。

4 24 個

解説

展開すると，各項は，

(a，bのどちらか)×(p，q，rのいずれか)

×(w，x，y，zのいずれか)

の形になっているので，個数は全部で

$2 \times 3 \times 4 = 24$（個）

03 順　列 ①　(pp.8～9)

1 (1) 360 通り　(2) 720 通り　(3) 256 通り

解説

(1) ${}_6P_4 = 6 \cdot 5 \cdot 4 \cdot 3 = 360$（通り）

(2) ${}_6P_6 = 6! = 720$（通り）

(3)重複順列なので，$4^4 = 256$（通り）

2 34 番目

解説

1□□の形の整数は，${}_5P_2 = 20$（個）

20□の形の整数は，4 個。21□，23□の形の整数も 4 個ずつあり，これに 240 と 241 も加えると，241 は小さいほうから，$20+4+4+4+2=34$（番目）

3 (1) 96 通り　(2) 60 通り　(3) 24 通り

解説

(1) 5 つの数字の中から異なる 4 つの数字を「並べる」場合の数は，

${}_5P_4 = 5 \cdot 4 \cdot 3 \cdot 2 = 120$（通り）

このうち千の位が 0 であるものは，

$1 \times {}_4P_3 = 4 \cdot 3 \cdot 2 = 24$（通り）あるので，

$120 - 24 = 96$（通り）

(2)一の位の数が偶数 0，2，4 のいずれかになればよい。

一の位が 0 になる場合，${}_4P_3 = 24$（通り）

一の位が 2 になる場合，千の位が 0 になる場合を除いて，${}_4P_3 - {}_3P_2 = 24 - 6 = 18$（通り）

一の位が 4 になる場合，同様に，18 通り

よって，$24+18+18=60$（通り）

別解

一の位の数が奇数 1，3 のいずれかになるとき，千の位が 0 になる場合を除いて，

$({}_4P_3 - {}_3P_2) \times 2 = 36$（通り）

(1)より全部で 96 通りなので，$96 - 36 = 60$（通り）

(3)一の位の数が 0 になればよいので，

${}_4P_3 = 24$（通り）

Point

倍数判定法

2 の倍数：一の位の数が偶数

3 の倍数：各位の数の和が 3 の倍数

5 の倍数：一の位の数が 0 または 5

9 の倍数：各位の数の和が 9 の倍数

4 (1) 120 通り　(2) 72 通り

解説

(1)異なる 5 色の色を並べ，順に A，B，C，D，E に塗ると考えて，$5! = 120$（通り）

(2) A と E，A と C，C と D の 3 組いずれかの領域を，4 色のうちのいずれか 1 色で塗り，あとの 3 つの領域を残った 3 色で塗り分ける。

$3 \times 4 \times 3! = 72$（通り）

5 (1) 240 通り　(2) 480 通り　(3) 192 通り

解説

(1) A と B を 1 人と考える。

5 人の並び方は，$5! = 120$（通り）

A と B の並び方は 2 通りだから，

$120 \times 2 = 240$（通り）

(2) 6 人の並び方は全部で $6! = 720$（通り）

B と C が隣り合う並び方は(1)より 240 通り。

よって，$720 - 240 = 480$（通り）

(3) A と B が隣り合う 240 通りのうち，B と C も隣り合っているのは「ABC」または「CBA」と並ぶ場合である。A，B，C を 1 人とした 4 人の並び方は 4! 通りで，それぞれにこの 2 通りの場合があるので，

$4! \times 2 = 48$（通り）

したがって，求める並び方は，

$240 - 48 = 192$（通り）

04 順　列 ②　(pp.10〜11)

1 (1) 120 通り　(2) 48 通り

解説

(1) $(6-1)! = 5! = 120$（通り）

(2)両親を 1 人とした 5 人の座り方は $(5-1)!$ 通りで，父と母 2 人の座り方は 2 通りだから，

$(5-1)! \times 2 = 4! \times 2 = 48$（通り）

Point

『円順列』の問題は，1 つを固定して考えると『順列』の問題となる。

2 (1) 5040 通り　(2) 1440 通り　(3) 720 通り

解説

(1) 8 人の円順列なので，$(8-1)! = 5040$（通り）

(2)女子 2 人を 1 人と見て並べ，その後女子の並び方を考えると，

$(7-1)! \times 2 = 720 \times 2 = 1440$（通り）

(3)女子 2 人を，向かい合わせの席に固定する。残りの 6 席の座り方は順列である。

$6! = 720$（通り）

3 (1) 576 通り　(2) 144 通り

解説

(1)男子 4 人，女子 4 人をそれぞれ 1 人とすると，2 人の円順列を考えることになる。男子 4 人，女子 4 人の手のつなぎ方はそれぞれ 4! 通りなので，

$(2-1)! \times 4! \times 4! = 576$（通り）

(2)男子 4 人が円形に並んでから，間に女子 4 人が並ぶと考える。

$(4-1)! \times 4! = 144$（通り）

4 72 通り

解説

小学生を固定して，大学生の男女が交互に並ぶ順列を考える。

$3! \times 3! \times 2 = 72$（通り）

5 (1) 30 通り　(2) 30 通り

解説

(1)底面の色を固定すると，側面の 4 面は円順列となるので，$5 \times (4-1)! = 30$（通り）

(2)底面の色をある 1 色に固定する。上面の色は，底面の色以外の 5 通りで，側面の 4 面は円順列となるので，

$5 \times (4-1)! = 30$（通り）

Point

(2)立方体はどこから見ても同じ形なので，まず底面を固定して考える。

05 組合せ ① (pp.12〜13)

1 (1) 120 通り (2) 1225 (3) 10 通り

解説

(1) ${}_{10}C_3=\dfrac{10\cdot9\cdot8}{3\cdot2\cdot1}=120$ (通り)

(2) ${}_{50}C_{48}={}_{50}C_2=\dfrac{50\cdot49}{2\cdot1}=1225$

(3) 5 回から表が出る 2 回を選ぶので，

${}_5C_2=\dfrac{5\cdot4}{2\cdot1}=10$ (通り)

2 (1) 495 通り (2) 210 通り (3) 460 通り

解説

(1)合計 12 人の中から 4 人を選ぶので，

${}_{12}C_4=\dfrac{12\cdot11\cdot10\cdot9}{4\cdot3\cdot2\cdot1}=495$ (通り)

(2)男子 7 人から 2 人を選び，女子 5 人の中から 2 人を選ぶので，${}_7C_2\times{}_5C_2=21\times10=210$ (通り)

(3) 4 人とも男子を選ぶ方法は，${}_7C_4={}_7C_3=35$ (通り)

よって，$495-35=460$ (通り)

Point

問題文中に『少なくとも』の表現があったら，余事象を意識しよう。

3 280 通り

解説

まず，8 冊から 2 冊を選び，次に残りの 6 冊から 3 冊を選ぶ。このとき，3 組のうち，3 冊の 2 つの組は区別がつかないので，

$\dfrac{{}_8C_2\times{}_6C_3}{2!}=\dfrac{28\times20}{2}=280$ (通り)

Point

組分けの問題で，分けた組の区別がつかないときは，区別がつかない組数の階乗で割る。

4 (1) 2520 通り (2) 2100 通り (3) 2800 通り

解説

(1)まず 2 人を選び，残った 8 人から 3 人を選べばよいので，

${}_{10}C_2\times{}_8C_3=45\times56=2520$ (通り)

(2)まず 3 人を選び，残った 7 人から 3 人を選ぶ。

3 人の組 2 組は区別がつかないことに注意すると，

$\dfrac{{}_{10}C_3\times{}_7C_3}{2!}=\dfrac{120\times35}{2}=2100$ (通り)

(3)除く 1 人をまず選び，残りの 9 人から 3 人，さらに残りの 6 人から 3 人を選ぶ。

3 人の組 3 組は区別がつかないことに注意すると，

${}_{10}C_1\times\dfrac{{}_9C_3\times{}_6C_3}{3!}=10\times\dfrac{84\times20}{6}=2800$ (通り)

5 (1) 56 個 (2) 24 個 (3) 16 個

解説

(1)どの 3 つの頂点も一直線上にはないので，8 点から 3 点を選ぶ組合せを考えればよい。

${}_8C_3=56$ (個)

(2)正八角形の外接円の直径 AE に対して △ABE，△ACE，△ADE，△AEF，△AEG，△AEH の 6 つの直角三角形を作ることができる。

直径 BF，CG，DH についても同様だから，

$6\times4=24$ (個)

(3) (1)のうち，正八角形と辺を共有する三角形を考える。

例えば 1 辺 AB のみを共有する三角形は △ABD，△ABE，△ABF，△ABG の 4 つである。

他の辺 BC，CD，DE，EF，FG，GH，HA についても共有するものは同じく 4 つずつある。

例えば 2 辺 AB，BC を共有する三角形は △ABC のみで，他に △BCD，△CDE，△DEF，△EFG，△FGH，△GHA，△HAB がある。

以上より正八角形と辺を共有する三角形は，

$4\times8+8=40$ (個)

よって，$56-40=16$ (個)

06 組合せ ② (pp.14〜15)

1 (1) 840 通り (2) 420 通り

解説

(1)同じ文字 U が 3 文字含まれているので，

$\dfrac{7!}{3!}=\dfrac{7\cdot6\cdot5\cdot4\cdot3\cdot2\cdot1}{3\cdot2\cdot1}=840$ (通り)

(2) S，A を◎とおいて，◎UUG◎KU の 7 つを並べる。◎は左から順に S，A なので，

$\dfrac{7!}{3!2!}=420$ (通り)

2 (1) 3360 通り　(2) 240 通り

解説

(1) 8 文字のうちに同じ A が 3 文字，K が 2 文字含まれているので，$\frac{8!}{3!2!}=3360$ (通り)

(2)「KK」を 1 つの文字と見て，W，S，I とともに並べる。その後，両端も含めた 5 か所の間に 3 文字の A を入れていくと考えると，

$4!\times{}_5C_3=24\times10=240$ (通り)

3 36 通り

解説

5 文字を並べる並べ方は，$\frac{5!}{2!}=60$ (通り)

このうち，a が隣り合っている並べ方は，2 つある a を 1 文字と考えて，

$4!=24$ (通り)

よって，$60-24=36$ (通り)

4 (1) 462 通り　(2) 150 通り　(3) 120 通り

解説

(1) → 6 個と ↑ 5 個を並べると考えると，

$\frac{11!}{6!5!}=462$ (通り)

(2) A から C までは $\frac{5!}{2!3!}=10$ (通り)

C から B までは $\frac{6!}{4!2!}=15$ (通り)

よって，$10\times15=150$ (通り)

(3) C → D → B と進む経路は $\frac{3!}{2!}=3$ (通り) なので，

$10\times(15-3)=120$ (通り)

Point

最短経路は，同じものを含む順列を利用する。

5 84 通り

解説

黒球を固定すると，白球 6 個，赤球 3 個の順列なので，

$\frac{9!}{6!3!}=84$ (通り)

07 組合せ ③　(pp.16〜17)

1 (1) 66 個　(2) 969 個　(3) 28 個

解説

(1) ○を 10 個と｜を 2 個並べると考えて，

${}_{12}C_2=\frac{12\cdot11}{2\cdot1}=66$ (個)

別解

3 種類の文字から重複を許して 10 文字選ぶと考えて，

${}_3H_{10}={}_{12}C_{10}={}_{12}C_2=66$ (個)

(2) ○を 20 個並べた両端を除く，すき間 19 か所のうち 3 か所に区切りを入れると考えて，

${}_{19}C_3=\frac{19\cdot18\cdot17}{3\cdot2\cdot1}=969$ (個)

(3) 3 種類の文字 x，y，z から重複を許して 6 個の文字を選ぶ組合せなので，

${}_3H_6={}_8C_6={}_8C_2=28$ (個)

Point

重複組合せ

n 種類の中から重複を許して r 個取り出す組合せは，

${}_nH_r={}_{n+r-1}C_r$

2 (1) 91 通り　(2) 28 通り

解説

(1) A，B，C の 3 文字から重複を許して 12 文字選び，選ばれた個数ずつ 3 人に鉛筆を配ると考えて，

${}_3H_{12}={}_{14}C_{12}={}_{14}C_2=91$ (通り)

(2) 3 人に 2 本ずつ配っておいて，残りの 6 本を 3 人に配ると考える。

${}_3H_6={}_8C_6={}_8C_2=28$ (通り)

3 (1) 210 個　(2) 495 個　(3) 120 個

解説

(1) 0，1，2，3，4，5，6，7，8，9 の 10 個から重複を許さず 4 個選び，大きい順に並べればよいので，

${}_{10}C_4=210$ (個)

(2) 0 を除く 9 個の中から重複を許して 4 個選び，小さい順に並べればよいので，

${}_9H_4={}_{12}C_4=495$ (個)

(3) $a'=a-1$ とおいて，4 種類の文字 a'，b，c，d の中から重複を許して 7 文字選ぶと考える。

${}_4H_7={}_{10}C_7={}_{10}C_3=120$ (個)

別解

○を 8 個並べて，左端を除くすべてのすき間 8 か所

のうち，重複を許して 3 か所に区切りを入れると考えて，

${}_8H_3 = {}_{10}C_3 = 120$ (個)

4 (1) 3 通り　(2) 120 通り

解説

(1)底面を 3 色のうちのいずれか 1 色で塗ると，その色を側面に用いることができない。残りの 2 色で側面を塗り分けることになるが，同じ色を向かい合う側面 2 面に塗ることになるので，底面の色を決めると，その後の塗り方は 1 通りになる。

3 色あるので，$1 \times 3 = 3$ (通り)

(2) 1 色，2 色で塗り分けることはできない。

(i)3 色で塗り分ける場合，(1)より 3 通り。

よって，${}_5C_3 \times 3 = 30$ (通り)

(ii)4 色で塗り分ける場合，底面の色を選ぶと，残り 3 色で側面を塗り分けることになるが，どれか 1 色が向かい合う側面を塗ることになり，その後 2 色での塗り分け方は 1 通りである。

よって，${}_5C_4 \times {}_4C_1 \times {}_3C_1 = 60$ (通り)

(iii)5 色で塗り分ける場合，底面の色を選ぶと，残り 4 色で側面を塗り分けることになるが，これは 4 色の円順列の場合の数と等しい。

よって，${}_5C_1 \times (4-1)! = 5 \times 6 = 30$ (通り)

(i)～(iii) より，$30 + 60 + 30 = 120$ (通り)

08 確率の基本性質 (pp.18～19)

1 (1) $\frac{1}{2}$　(2) $\frac{3}{8}$　(3) $\frac{3}{13}$　(4) $\frac{1}{4}$

解説

(1)素数は 2，3，5 の 3 つなので，$\frac{3}{6} = \frac{1}{2}$

(2) 8 個の球はすべて区別して考えるので，$\frac{3}{8}$

(3)絵札はスペード，ハート，ダイヤ，クラブについて，それぞれジャック，クイーン，キングの 3 枚ずつの計 12 枚あるので，$\frac{12}{52} = \frac{3}{13}$

(4) 2 つのさいころを区別する。出る目の数の和が 4 の倍数になるのは (1，3)，(2，2)，(2，6)，(3，1)，(3，5)，(4，4)，(5，3)，(6，2)，(6，6) の 9 通りある。

$\frac{9}{36} = \frac{1}{4}$

Point

確率の問題では，同じ色の球，さいころなどはすべて区別して考える。

2 (1) $\frac{1}{21}$　(2) $\frac{79}{84}$

解説

(1)取り出し方は ${}_9C_3 = 84$ (通り) で，そのうち 3 個とも青球なのは ${}_4C_3 = 4$ (通り) である。よって，

$\frac{4}{84} = \frac{1}{21}$

(2)余事象は「3 個とも同じ色の球を取り出す」であり，(1)以外で 3 個とも同じ色になるのは，白球を 3 個取り出す場合の ${}_3C_3 = 1$ (通り) なので，

$1 - \frac{4+1}{84} = \frac{79}{84}$

3 (1) $\frac{1}{12}$　(2) $\frac{3}{10}$　(3) $\frac{11}{12}$

解説

(1)取り出し方は ${}_{10}C_3 = 120$ (通り) で，そのうち 3 枚とも偶数なのは ${}_5C_3 = 10$ (通り) である。よって，

$\frac{10}{120} = \frac{1}{12}$

(2) 10 以外の 2 枚のカードの取り出し方は，

${}_9C_2 = 36$ (通り) である。よって，$\frac{36}{120} = \frac{3}{10}$

(3) 3 枚のカードのうち 1 枚でも偶数であれば積は偶数となる。余事象を「3 枚とも奇数である」と考えて，

$1 - \frac{{}_5C_3}{120} = 1 - \frac{10}{120} = \frac{11}{12}$

4 (1) $\frac{1}{9}$　(2) $\frac{1}{3}$　(3) $\frac{1}{3}$

解説

(1) A だけが勝つ手を選べば，B，C の手は 1 通りに決まる。A だけが勝つ手の出し方は 3 通りなので，

$\frac{3}{27} = \frac{1}{9}$

(2)負ける 1 人を選び，負ける手を選ぶ。A だけが負ける出し方は 3 通りあり，B，C も同様に 3 通りずつあるから，$\frac{3+3+3}{27} = \frac{1}{3}$

(3)余事象「勝負が決まる」を考える。

「勝負が決まる」のは，1 人だけが勝つ場合と 2 人

が勝つ場合なので,

$$1-\frac{{}_3C_1\times{}_3C_1+{}_3C_2\times{}_3C_1}{27}=1-\frac{9+9}{27}=\frac{1}{3}$$

09 独立な試行の確率 (pp.20〜21)

1 (1)独立である。 (2)独立ではない。
(3)独立である。

2 (1) $\frac{25}{64}$ (2) $\frac{5}{14}$

解説

(1)積の法則を用いて, $\frac{5}{8}\times\frac{5}{8}=\frac{25}{64}$

(2) 2 個目を取り出すとき, 袋の中の球は 7 個で, そのうち赤球は 4 個である。

$\frac{5\times4}{8\times7}=\frac{5}{14}$

Point
(1)は取り出した球をもとに戻すので独立な試行,
(2)はもとに戻さないので独立な試行ではない。

3 (1) $\frac{1}{8}$ (2) $\frac{5}{24}$

解説

(1)「すべて赤球」,「すべて白球」,「すべて青球」は互いに排反な事象である。

$\left(\frac{5}{12}\right)^3+\left(\frac{4}{12}\right)^3+\left(\frac{3}{12}\right)^3=\frac{216}{12^3}=\frac{1}{8}$

(2)赤球, 白球, 青球をそれぞれ 1 個ずつ取り出すので,

$\frac{5}{12}\times\frac{4}{12}\times\frac{3}{12}\times3!=\frac{5}{24}$

4 (1) $\frac{3}{10}$ (2) $\frac{147}{1000}$

解説

(1) 3 人がそれぞれくじを引く試行は独立である。

1 回の試行で当たりを引く確率は $\frac{3}{10}$ で, これは他の 2 人の結果の影響を受けない。

(2) A, B が, 当たりを引かない確率はそれぞれ $\frac{7}{10}$ である。

$\left(\frac{7}{10}\right)^2\times\frac{3}{10}=\frac{147}{1000}$

5 (1) $\frac{2}{5}$ (2) $\frac{13}{30}$ (3) $\frac{59}{60}$

解説

(1) $\frac{4}{5}\times\frac{3}{4}\times\frac{2}{3}=\frac{2}{5}$

(2) C だけが不合格, B だけが不合格, A だけが不合格について場合分けをすると, C だけが不合格になる確率は, $\frac{4}{5}\times\frac{3}{4}\times\left(1-\frac{2}{3}\right)=\frac{1}{5}$

B だけが不合格になる確率は,

$\frac{4}{5}\times\left(1-\frac{3}{4}\right)\times\frac{2}{3}=\frac{2}{15}$

A だけが不合格になる確率は,

$\left(1-\frac{4}{5}\right)\times\frac{3}{4}\times\frac{2}{3}=\frac{1}{10}$

よって, 求める確率は, $\frac{1}{5}+\frac{2}{15}+\frac{1}{10}=\frac{13}{30}$

(3) 3 名とも不合格となる確率は,

$\left(1-\frac{4}{5}\right)\left(1-\frac{3}{4}\right)\left(1-\frac{2}{3}\right)=\frac{1}{60}$ より,

$1-\frac{1}{60}=\frac{59}{60}$

10 反復試行の確率 (pp.22〜23)

1 (1) $\frac{15}{64}$ (2) $\frac{160}{729}$ (3) $\frac{3125}{46656}$

解説

(1)偶数の目が出る確率も奇数の目が出る確率も $\frac{3}{6}=\frac{1}{2}$ なので,

${}_6C_2\left(\frac{1}{2}\right)^2\left(\frac{1}{2}\right)^4=15\times\frac{1}{4}\times\frac{1}{16}=\frac{15}{64}$

(2) 1 か 6 の目が出る確率は $\frac{2}{6}=\frac{1}{3}$ より,

${}_6C_3\left(\frac{1}{3}\right)^3\left(\frac{2}{3}\right)^3=20\times\frac{1}{27}\times\frac{8}{27}=\frac{160}{729}$

(3) 5 回目までに一度だけ 1 の目が出ていればよいので,

${}_5C_1\left(\frac{1}{6}\right)\left(\frac{5}{6}\right)^4\times\frac{1}{6}=5\times\frac{1}{6}\times\frac{625}{1296}\times\frac{1}{6}=\frac{3125}{46656}$

Point
1 回の試行で事象 A が起こる確率を p としたとき, n 回の独立な試行で事象 A がちょうど r 回起こる確率は,
${}_nC_r\,p^r(1-p)^{n-r}$

2 (1) $\frac{5}{16}$ (2) $\frac{35}{128}$

解説

(1)表が 3 回，裏が 2 回出ればよいので，

$${}_5C_3\left(\frac{1}{2}\right)^3\left(\frac{1}{2}\right)^2=\frac{10}{2^5}=\frac{5}{16}$$

(2)表裏ともに 4 回ずつ出ればよいので，求める確率は，

$${}_8C_4\left(\frac{1}{2}\right)^4\left(\frac{1}{2}\right)^4=\frac{70}{2^8}=\frac{35}{128}$$

3 (1) $\frac{80}{243}$ (2) $\frac{320}{2187}$

解説

(1)${}_5C_1\left(\frac{1}{3}\right)\left(1-\frac{1}{3}\right)^4=\frac{80}{3^5}=\frac{80}{243}$

(2) $\frac{5!}{1!2!2!}\left(\frac{2}{9}\right)\left(\frac{1}{3}\right)^2\left(\frac{4}{9}\right)^2$

$$=30\times\frac{2}{9}\times\frac{1}{9}\times\frac{16}{81}=\frac{320}{2187}$$

4 $\frac{64}{81}$

解説

A が 5 勝する場合，4 勝する場合，3 勝する場合に分けて，

$$\left(\frac{2}{3}\right)^5+{}_5C_4\left(\frac{2}{3}\right)^4\left(1-\frac{2}{3}\right)+{}_5C_3\left(\frac{2}{3}\right)^3\left(1-\frac{2}{3}\right)^2$$

$$=\frac{32+80+80}{3^5}=\frac{64}{81}$$

5 (1) $\frac{2}{9}$ (2) $\frac{10}{27}$

解説

(1) 2 以下の目が出る確率は $\frac{2}{6}=\frac{1}{3}$，3 以上の目が出る確率は $1-\frac{1}{3}=\frac{2}{3}$ である。

正の向きに 2 回，負の向きに 1 回進めばよいので，

$${}_3C_2\left(\frac{1}{3}\right)^2\left(\frac{2}{3}\right)=3\times\frac{1}{9}\times\frac{2}{3}=\frac{2}{9}$$

(2) (i) -4 になるのは，正の向きに 2 回，負の向きに 3 回進んだときなので，

$${}_5C_2\left(\frac{1}{3}\right)^2\left(\frac{2}{3}\right)^3=10\times\frac{1}{9}\times\frac{8}{27}=\frac{80}{243}$$

(ii) 2 になるのは，正の向きに 4 回，負の向きに 1 回進んだときなので，

$${}_5C_4\left(\frac{1}{3}\right)^4\left(\frac{2}{3}\right)=5\times\frac{1}{81}\times\frac{2}{3}=\frac{10}{243}$$

(i)，(ii) より

$$\frac{80}{243}+\frac{10}{243}=\frac{90}{243}=\frac{10}{27}$$

11 条件付き確率 (pp.24～25)

1 (1) $\frac{3}{8}$ (2) $\frac{3}{5}$ (3) $\frac{1}{2}$

解説

(1) 8 枚のうち，偶数の書かれた赤いカードは 3 枚なので，$\frac{3}{8}$

(2)赤いカードを取り出す確率は $\frac{5}{8}$ なので，(1)と合わせて，$\frac{3}{8}\div\frac{5}{8}=\frac{3}{5}$

(3)取り出したカードが奇数で白色である確率は，

$\frac{2}{8}=\frac{1}{4}$

奇数のカードを取り出す確率は，$\frac{4}{8}=\frac{1}{2}$ なので，

$\frac{1}{4}\div\frac{1}{2}=\frac{1}{2}$

Point

事象 A が起こったという条件の下で，事象 B が起こる条件付き確率 $P_A(B)$ は，

$$P_A(B)=\frac{P(A\cap B)}{P(A)}$$

2 (1) $\frac{1}{22}$ (2) $\frac{1}{4}$

解説

(1) A が当たる確率は $\frac{3}{12}=\frac{1}{4}$，続けて B も当たる確率は $\frac{2}{11}$ より，

$\frac{1}{4}\times\frac{2}{11}=\frac{1}{22}$

(2) A が当たり B も当たる場合と A がはずれて B が当たる場合があるので，

$\frac{1}{22}+\frac{9}{12}\times\frac{3}{11}=\frac{1}{4}$

3 (1) $\frac{11}{15}$ (2) $\frac{3}{11}$

解説

(1)箱 A から赤球を取り出した場合と箱 B から赤球を取り出した場合があるので,

$\frac{2}{6}\times\frac{3}{5}+\frac{4}{6}\times\frac{4}{5}=\frac{6+16}{30}=\frac{11}{15}$

(2)箱 A から赤球を取り出す確率は $\frac{2}{6}\times\frac{3}{5}=\frac{1}{5}$ なので,(1)と合わせて,

$\frac{1}{5}\div\frac{11}{15}=\frac{3}{11}$

4 (1) $\frac{21}{5000}$ (2) $\frac{5}{7}$

解説

(1)取り出した不良品が工場 X の製品である場合と工場 Y の製品である場合に分けて,

$\frac{60}{100}\times\frac{5}{1000}+\frac{40}{100}\times\frac{3}{1000}=\frac{30+12}{10000}=\frac{21}{5000}$

(2)工場 X の不良品を取り出す確率は,

$\frac{60}{100}\times\frac{5}{1000}=\frac{3}{1000}$ なので,(1)と合わせて,

$\frac{3}{1000}\div\frac{21}{5000}=\frac{15}{21}=\frac{5}{7}$

5 (1) $\frac{1}{5}$ (2) $\frac{3}{19}$

解説

(1)書かれた数が 5 の倍数であるカードが 4 枚あるので,1 枚目が 5 の倍数かそうでないかで場合分けすると,2 枚目が 5 の倍数である確率は,

$\frac{4}{20}\times\frac{3}{19}+\frac{16}{20}\times\frac{4}{19}=\frac{12+64}{20\times19}=\frac{1}{5}$

(2) 1 枚目も 2 枚目も 5 の倍数である確率は,

$\frac{4}{20}\times\frac{3}{19}=\frac{3}{5\times19}$

よって,

$\frac{3}{5\times19}\div\frac{1}{5}=\frac{3}{19}$

12 いろいろな確率と期待値 (pp.26〜27)

1 (1) $\frac{16}{81}$ (2) $\frac{175}{1296}$

解説

(1) 1 から 4 までの目だけが出ればよいので,

$\left(\frac{4}{6}\right)^4=\left(\frac{2}{3}\right)^4=\frac{16}{81}$

(2) (1)の確率から,1 から 3 までの目だけが出る確率を引けばよいので,

$\left(\frac{4}{6}\right)^4-\left(\frac{3}{6}\right)^4=\frac{256-81}{6^4}=\frac{175}{1296}$

2 (1) $\frac{8}{27}$ (2) $\frac{8}{27}$

解説

(1) 3 回目まで A の 2 勝 1 敗で,4 回目で A が勝てばよいので,

${}_3C_2\left(\frac{2}{3}\right)^2\left(1-\frac{2}{3}\right)\times\frac{2}{3}$

$=3\times\frac{4}{9}\times\frac{1}{3}\times\frac{2}{3}=\frac{8}{27}$

(2) 4 回目まで A,B ともに 2 勝 2 敗で,5 回目は A,B のどちらが勝ってもよいので,

${}_4C_2\left(\frac{2}{3}\right)^2\left(1-\frac{2}{3}\right)^2\times1$

$=6\times\frac{4}{9}\times\frac{1}{9}\times1=\frac{8}{27}$

Point

1 回の試行において確率 p で起こる事象 A について,事象 A が k 回起こった時点で終了するとき,ちょうど n 回目で終了する確率は,

${}_{n-1}C_{k-1}\,p^{k-1}(1-p)^{n-k}\times p$

3 $\frac{4651}{32768}$

解説

1 と 2 の目が出ずに,少なくとも 1 回 3 の目が出る確率なので,すべて 3 以上の目が出る確率から,すべて 4 以上の目が出る確率を引けばよい。

$\left(\frac{6}{8}\right)^5-\left(\frac{5}{8}\right)^5=\frac{7776-3125}{32768}=\frac{4651}{32768}$

4 (1) $k=8$ (2) $n=8$

解説

(1) $1 \leqq k \leqq 21$ のとき,

$$P_k = {}_{21}C_k\left(\frac{2}{5}\right)^k\left(\frac{3}{5}\right)^{21-k}$$

$$=\frac{21!}{k!(21-k)!}\times\frac{2^k\times 3^{21-k}}{5^{21}}$$

$$P_{k-1} = {}_{21}C_{k-1}\left(\frac{2}{5}\right)^{k-1}\left(\frac{3}{5}\right)^{22-k}$$

$$=\frac{21!}{(k-1)!(22-k)!}\times\frac{2^{k-1}\times 3^{22-k}}{5^{21}}$$

よって,

$$Q_k=\frac{P_k}{P_{k-1}}$$

$$=\frac{\dfrac{21!}{k!(21-k)!}\times\dfrac{2^k\times 3^{21-k}}{5^{21}}}{\dfrac{21!}{(k-1)!(22-k)!}\times\dfrac{2^{k-1}\times 3^{22-k}}{5^{21}}}$$

$$=\frac{(k-1)!}{k!}\times\frac{(22-k)!}{(21-k)!}\times\frac{2^k}{2^{k-1}}\times\frac{3^{21-k}}{3^{22-k}}$$

$$=\frac{2(22-k)}{3k}$$

$Q_k>1$ なので,

$$\frac{2(22-k)}{3k}>1 \quad k<\frac{44}{5}=8.8$$

よって, $Q_k>1$ を満たす k の最大値は 8 となる。

(2) (1)より, $Q_k<1$ のとき,

$$\frac{2(22-k)}{3k}<1 \quad k>8.8$$

(i) $1 \leqq k \leqq 8$ のとき,

$Q_k>1$

$\dfrac{P_k}{P_{k-1}}>1 \quad P_{k-1}<P_k$

よって,

$P_0<P_1<P_2<\cdots<P_7<P_8$

(ii) $9 \leqq k \leqq 21$ のとき,

$Q_k<1$

$P_{k-1}>P_k$

よって,

$P_8>P_9>P_{10}>\cdots>P_{20}>P_{21}$

(i), (ii)より, $n=8$ のとき P_n が最大となる。

Point

${}_nC_r=\dfrac{n!}{r!(n-r)!}$ を利用しよう。

5 (1) 2枚 (2) $\dfrac{85}{2}$ 点

解説

(1) 表の出る枚数を X とすると, X のとり得る値は, $X=0$, 1, 2, 3, 4 であり, $X=x$ (x は $0 \leqq x \leqq 4$ の整数) となる確率は, ${}_4C_x\left(\dfrac{1}{2}\right)^4$

よって, X の確率分布表は次のようになる。

X	0	1	2	3	4
確率	$\frac{1}{16}$	$\frac{4}{16}$	$\frac{6}{16}$	$\frac{4}{16}$	$\frac{1}{16}$

したがって, 表の出る枚数の期待値は,

$$0\times\frac{1}{16}+1\times\frac{4}{16}+2\times\frac{6}{16}+3\times\frac{4}{16}+4\times\frac{1}{16}$$

$$=\frac{32}{16}=2 \text{ (枚)}$$

(2) 得点を Y とすると,

$Y=100$ となるのは, $X=2$ のとき

$Y=50$ となるのは, $X=4$ のとき

$Y=30$ となるのは, $X=0$ のとき

$Y=0$ となるのは, $X=1$, 3 のとき

である。

よって, Y の確率分布表は次のようになる。

Y	0	30	50	100
確率	$\frac{8}{16}$	$\frac{1}{16}$	$\frac{1}{16}$	$\frac{6}{16}$

したがって, 得点の期待値は,

$$0\times\frac{8}{16}+30\times\frac{1}{16}+50\times\frac{1}{16}+100\times\frac{6}{16}$$

$$=\frac{680}{16}=\frac{85}{2} \text{ (点)}$$

Point

期待値を求めるときは, すべての場合の確率を求める。そのとき, 確率の合計は必ず 1 になることに注意しよう。

第２章　図形の性質

13 三角形と比 (pp.28〜29)

1 (1) $\frac{16}{3}$　(2) $\frac{138}{5}$　(3) $\frac{10}{3}$

解説

(1)AD：DB＝AE：EC より，$6:4=8:x$

$6x=32 \quad x=\frac{32}{6}=\frac{16}{3}$

(2)$8:15=(x-18):18$ なので，

$15(x-18)=8\cdot18 \quad x=\frac{138}{5}$

(3)AB：AC＝BD：CD＝5：4 になることより，

$x=\frac{5}{5+4}\cdot6=\frac{10}{3}$

2 点 C を通り AD と平行な直線を引き，辺 AB との交点を E とすると，
∠ACE＝∠AEC（AD // EC の錯角，同位角）
よって，△AEC は二等辺三角形となり，
AC＝AE
したがって，
BD：CD＝BA：EA＝AB：AC

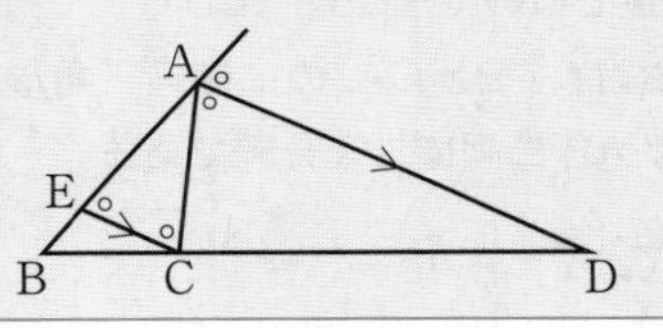

3 AB＞AC より辺 AB 上に AD＝AC となる点 D をとることができ，
∠ADC＝∠ACD
よって，

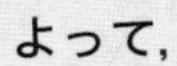

∠B＜∠B＋∠DCB＝∠ADC
＝∠ACD＜∠C

4 まず，AB＜AC と仮定すると，**3** の証明より ∠B＞∠C となり，
AB＝AC と仮定すると，∠B＝∠C となるので，いずれも
∠B＜∠C と矛盾する。
よって，AB＞AC である。AM を延長し，AM＝DM とする点 D を図のようにとると，BC と AD が互いの中点で交わるので，四角形 ABDC は平行四辺形である。
よって，
∠CAM＝∠BDM（AC // BD の錯角）
AC＝BD（平行四辺形の対辺）
いま，AB＞AC なので，AB＞BD となり，△ABD で，**3** の証明より，
∠BAD＜∠BDA
以上より，∠BAM＜∠CAM

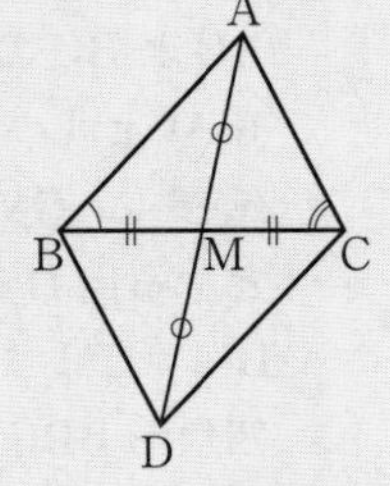

5 $a>3$

解説

$a>0$ より，$a+5$ が最大の辺となるので，

$a+5<a+(a+2)$

$a>3$

6 $1<x<9$

解説

辺の長さなので，$0<5x$，$0<3x+1$，$0<x+8$，

$5x<(3x+1)+(x+8)$ より，$x<9$

$3x+1<5x+(x+8)$ より，$-\frac{7}{3}<x$

$x+8<5x+(3x+1)$ より，$1<x$

以上より，$1<x<9$

14 三角形の五心 ① (pp.30〜31)

1 (1) 121°　(2) 124°　(3) 118°

解説

(1) I は内心なので，

$\angle x=180^\circ-(\angle \mathrm{IBC}+\angle \mathrm{ICB})=180^\circ-\frac{1}{2}(\angle \mathrm{B}+\angle \mathrm{C})$

$=180^\circ-\frac{1}{2}(180^\circ-62^\circ)=90^\circ+\frac{1}{2}\cdot62^\circ=121^\circ$

(2) O は外心なので，円周角の定理より，

$\angle x=2\times62^\circ=124^\circ$

(3) O を中心に円をかくと，円周角 $\angle x$ に対する中心角は 236° である。

$\angle x=236^\circ\div2=118^\circ$

Point

△ABC の内心を I，△ABC の外心を O とすると，

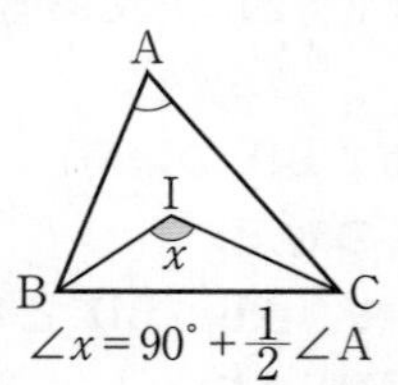

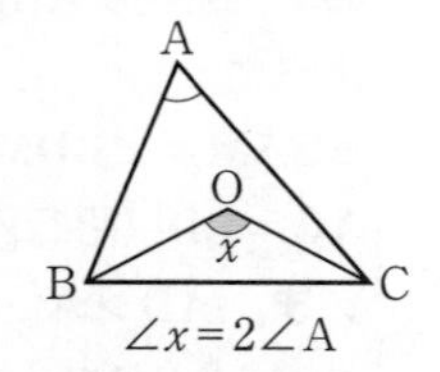

2 **BD：CD＝3：2，AI：ID＝5：4**

解説

AD は ∠A の二等分線なので，

BD：CD＝AB：AC＝3：2

$\mathrm{BD}=\dfrac{3}{3+2}\mathrm{BC}=\dfrac{12}{5}$ で，BI は ∠B の二等分線なので，

$\mathrm{AI}:\mathrm{ID}=\mathrm{BA}:\mathrm{BD}=3:\dfrac{12}{5}=5:4$

3 **△ABC の内心と外心が点 O で一致しているとすると，△OAC は OA＝OC の二等辺三角形となるので，**

∠OAC＝∠OCA

O は △ABC の内心でもあるので，

∠A＝2∠OAC＝2∠OCA＝∠C

同様に ∠A＝∠B も示せるので，

△ABC は正三角形である。

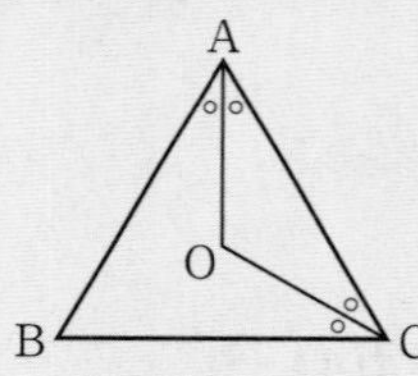

4 **(1) 12　(2) 3**

解説

(1) AP＝AR，BP＝BQ，CQ＝CR より，

AP＝AB－BP＝AB－BQ

＝AB－(BC－CQ)＝AB－BC＋CR

＝AB－BC＋(AC－AR)

＝AB－BC＋AC－AP

よって，$\mathrm{AP}=\dfrac{\mathrm{AB}+\mathrm{AC}-\mathrm{BC}}{2}=\dfrac{17+15-8}{2}=12$

(2) ∠C が直角なので，四角形 IQCR は正方形となり，

内接円の半径 IR＝CR＝AC－AR＝15－12＝3

5 **半径 1，$\sin A=\dfrac{4}{5}$**

解説

内接円 O の半径を r とおくと，CQ＝CP＝r となるので，

AC＝$r+2$，BC＝$r+3$，AB＝5

よって，三平方の定理より，

$5^2=(r+2)^2+(r+3)^2$　$(r-1)(r+6)=0$

$r>0$ より，$r=1$

これより，$\sin A=\dfrac{\mathrm{BC}}{\mathrm{AB}}=\dfrac{1+3}{5}=\dfrac{4}{5}$

15 三角形の五心 ② (pp.32～33)

1 **(1) 116°　(2) $\dfrac{8\sqrt{2}}{3}$　(3) 25°**

解説

(1) H は垂心なので，

$\angle x=180°-(\angle\mathrm{HBC}+\angle\mathrm{HCB})$

$=180°-(\angle\mathrm{HAC}+\angle\mathrm{HAB})$

$=180°-64°=116°$

(2) G は重心なので，CB＝2BD＝6

△ABC は CB＝CA の二等辺三角形となるので，

CG は AB の垂直二等分線である。

よって，$x=\dfrac{2}{3}\sqrt{6^2-2^2}=\dfrac{8\sqrt{2}}{3}$

(3) H は垂心なので，∠x＝∠HBC＝25°

Point

△ABC の垂心を H とすると，

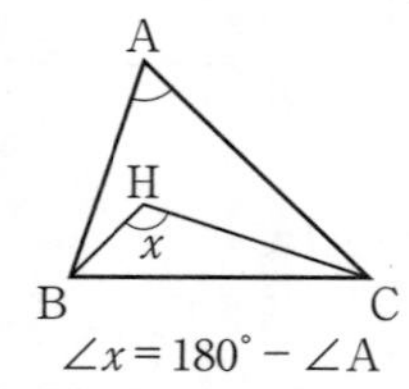

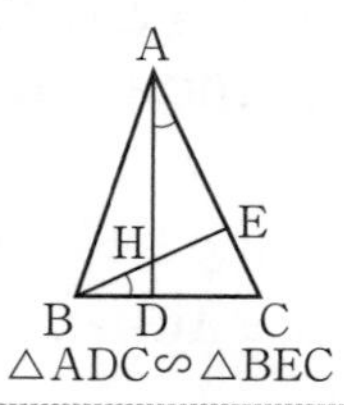

2 **AG と BC の交点を M とし，AG の延長に GM＝MD となる点 D をとる。**

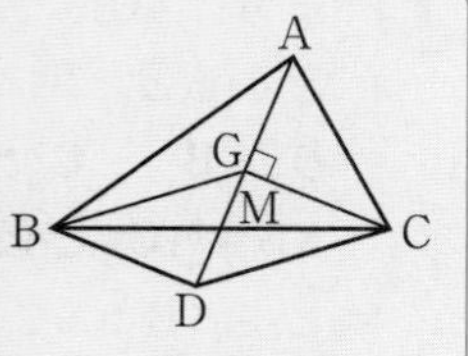

BM＝CM だから，

四角形 BDCG は平行四辺形となる。

よって，CG＝DB，

$\angle AGC = \angle GDB = 90°$
また，G は重心なので，
$AG = 2GM = GD$
以上より，$\triangle AGC \equiv \triangle GDB$ となるので，
$AC = GB$ より，$BG = AC$ である。

3 H は垂心なので，
$\angle HBC = \angle CAK$
$\overset{\frown}{KC}$ に対する円周角より，
$\angle CAK = \angle CBK$
したがって，$\angle HBC = \angle CBK$
また，$\angle HDB = \angle KDB = 90°$，BD は共通なので，
$\triangle BHD \equiv \triangle BKD$
よって，$HD = KD$

4 I は内心なので，
$\angle CBI = \angle IBA$，$\angle DAC = \angle DAB$
$\overset{\frown}{DC}$ に対する円周角より，
$\angle DBC = \angle DAC$ なので，
$\angle DBC = \angle DAB$
よって，
$\angle DBI = \angle DBC + \angle CBI$
$= \angle DAB + \angle IBA = \angle DIB$ …①
より，$\triangle DBI$ は二等辺三角形となるので，
$DB = DI$ …②
I は内心，K は傍心なので，
$2\angle IBC + 2\angle CBK = 180°$ より，
$\angle IBK = \angle IBC + \angle CBK = 90°$
よって，
$\angle DBK = \angle IBK - \angle DBI = 90° - \angle DBI$ …③
また，$\triangle BKI$ の内角の和を考えて，
$90° + \angle DIB + \angle DKB = 180°$
$\angle DKB = 90° - \angle DIB$ …④
①，③，④より，$\angle DBK = \angle DKB$
よって，$\triangle DBK$ は二等辺三角形となるので，
$DB = DK$ …⑤
②，⑤より，$DI = DK$

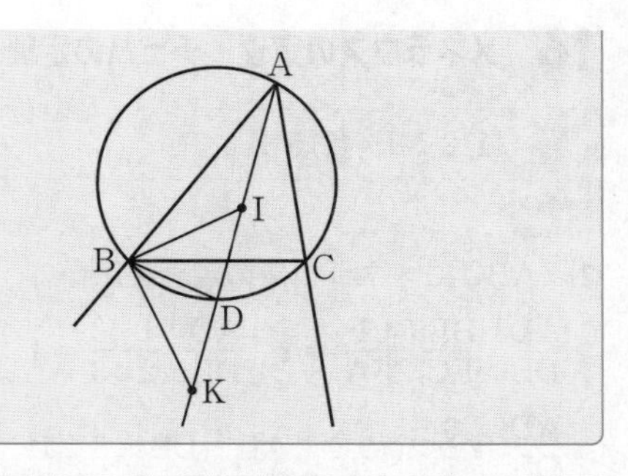

5 O は外心なので，$\triangle DBC$ において，
$DO = OC$，$BE = EC$
よって，中点連結定理より，
$DB : OE = 2 : 1$ …①
DC は直径なので，$DB \perp BC$，$DA \perp AC$
一方，H は垂心なので，
$AH \perp BC$，$BH \perp AC$
よって，$DB /\!/ AH$，$DA /\!/ BH$
したがって，四角形 DBHA は平行四辺形で，
$DB = AH$ …②
①，②より，
$AH : OE = 2 : 1$ …③
また，$OE \perp BC$，$AH \perp BC$ より，
$AH /\!/ OE$ …④
③，④で平行線と線分の比より，
$AG : GE = AH : OE = 2 : 1$
よって，中線 AE を頂点から 2 : 1 に内分する点 G は重心である。

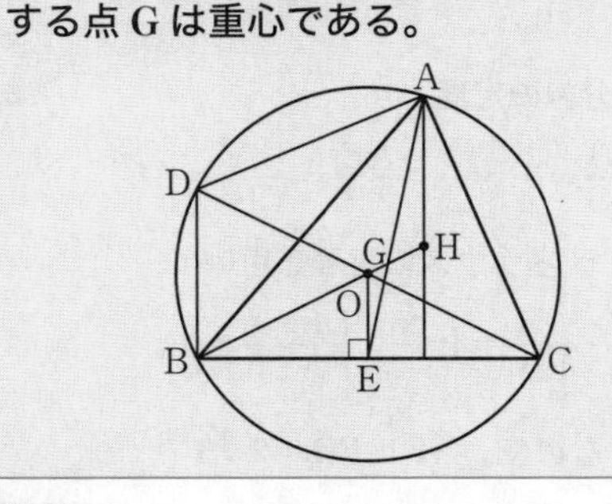

Point
三角形の外心，垂心，重心は一直線上に並び，その直線を「オイラー線」という。

16 メネラウスの定理・チェバの定理 (pp.34〜35)

1 (1)2：1 (2)5：4

解説

(1)△ABC にメネラウスの定理を用いて，

$\frac{AD}{DB}\cdot\frac{BE}{EC}\cdot\frac{CF}{FA}=1$ $\frac{AD}{DB}\cdot\frac{1}{2}\cdot\frac{2}{3}=1$

$\frac{AD}{DB}=\frac{3}{1}$ なので，AD：DB＝3：1

(2)△ADF にメネラウスの定理を用いて，

$\frac{AB}{BD}\cdot\frac{DE}{EF}\cdot\frac{FC}{CA}=1$ $\frac{2}{1}\cdot\frac{DE}{EF}\cdot\frac{2}{5}=1$

$\frac{DE}{EF}=\frac{5}{4}$ なので，DE：EF＝5：4

2 BD：DC＝6：1，AP：PD＝7：3

解説

△ABC にチェバの定理を用いて，

$\frac{AF}{FB}\cdot\frac{BD}{DC}\cdot\frac{CE}{EA}=1$ $\frac{1}{3}\cdot\frac{BD}{DC}\cdot\frac{1}{2}=1$

$\frac{BD}{DC}=\frac{6}{1}$ なので，BD：DC＝6：1

△ABD にメネラウスの定理を用いて，

$\frac{AF}{FB}\cdot\frac{BC}{CD}\cdot\frac{DP}{PA}=1$ $\frac{1}{3}\cdot\frac{7}{1}\cdot\frac{DP}{PA}=1$

$\frac{DP}{PA}=\frac{3}{7}$ なので，AP：PD＝7：3

3 2：1

解説

角の二等分線の定理より，

$\frac{BD}{CD}=\frac{AB}{AC}=\frac{6}{4}=\frac{3}{2}$，$\frac{AE}{EB}=\frac{CA}{CB}=\frac{4}{5}$

△ABD にメネラウスの定理を用いて，

$\frac{BC}{CD}\cdot\frac{DF}{FA}\cdot\frac{AE}{EB}=1$ $\frac{5}{2}\cdot\frac{DF}{FA}\cdot\frac{4}{5}=1$

$\frac{DF}{FA}=\frac{1}{2}$ なので，AF：FD＝2：1

4 **角の二等分線の定理を用いると，**

$\frac{AE}{EB}\cdot\frac{BD}{DC}\cdot\frac{CF}{FA}=\frac{DA}{DB}\cdot\frac{BD}{DC}\cdot\frac{DC}{DA}=1$

よって，チェバの定理の逆により，3 直線 AD，CE，BF は 1 点で交わる。

5 $BP=\frac{21}{4}$，$CQ=\frac{7}{2}$

解説

条件より，DB＝4，EC＝2 となるので，△ABC にチェバの定理を用いて，

$\frac{AD}{DB}\cdot\frac{BP}{PC}\cdot\frac{CE}{EA}=1$ $\frac{2}{4}\cdot\frac{BP}{PC}\cdot\frac{2}{3}=1$ $\frac{BP}{PC}=\frac{3}{1}$

よって，BP：PC＝3：1 より，

$BP=\frac{3}{3+1}BC=\frac{21}{4}$

また，CQ＝x とおくと，△ABC にメネラウスの定理を用いて，

$\frac{AD}{DB}\cdot\frac{BQ}{QC}\cdot\frac{CE}{EA}=1$ $\frac{2}{4}\cdot\frac{x+7}{x}\cdot\frac{2}{3}=1$

$\frac{x+7}{x}=\frac{3}{1}$ より，$x=\frac{7}{2}$

17 円に内接する四角形 (pp.36〜37)

1 (1)53° (2)117° (3)63°

解説

(1)

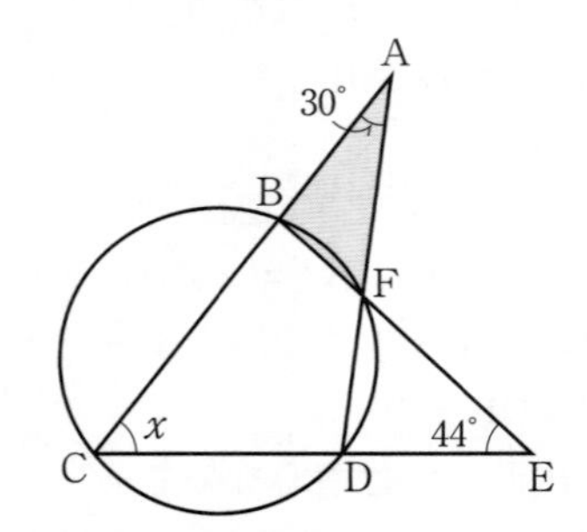

△BCE の内角と外角の関係より，

$\angle x+44°=\angle ABF$

また，円に内接する四角形 BCDF の内角と外角の関係より，

$\angle x=\angle AFB$

△ABF の内角の和を考えて，

$30°+\angle x+44°+\angle x=180°$

$\angle x=53°$

(2)$\angle x$ を通る対角線で 2 つの四角形に分ける。

円に内接する四角形の対角の和は 180° なので，

$\angle x+91°+152°=180°\times2$ $\angle x=117°$

(3) 2 つの 46° の角より，円に内接する四角形であることがわかる。等しい弧に対する円周角なので，

$\angle x=63°$

2 $\angle$BHC＝$\angle$BKC＝90° より，4点B，C，K，Hは同一円周上にある。
よって，$\overset{\frown}{\mathrm{BH}}$ に対する円周角より，
$\angle$BCH＝$\angle$BKH

3 条件より，△AHK∽△ABH なので，
$\angle$ABH＝$\angle$AHK
$\angle$AKH＋$\angle$AIH＝180° より4点A，K，H，Iは同一円周上にあるので，
$\angle$AHK＝$\angle$AIK
よって，$\angle$ABH＝$\angle$AHK＝$\angle$AIK より，
$\angle$KBC＝$\angle$AHK＝$\angle$AIK となり，内角と，その対角と隣り合う外角が等しい。
以上より，4点K，B，C，Iは同一円周上にある。

4 EFと辺CDとの交点をHとすると，条件より，
△DEH∽△DCE, △DCE∽△ECH なので，
△DEH∽△ECH
よって，$\angle$EDH＝$\angle$CEH,
$\angle$DEH＝$\angle$ECH
四角形ABCDは円に内接するので，
$\angle$ABD＝$\angle$ECH＝$\angle$DEH＝$\angle$FEB,
$\angle$BAC＝$\angle$EDH＝$\angle$CEH＝$\angle$AEF
よって，△FEB，△FEAはともに二等辺三角形であり，
FE＝FB，FE＝FA
以上より，FA＝FB となるので，Fは ABの中点である。

5 (1)$\overset{\frown}{\mathrm{AD}}$ に対する円周角より，
$\angle$ABE＝$\angle$ACD
条件より，
$\angle$BAE＝$\angle$CAD
よって，
△ABE∽△ACD
となるので，AB：AC＝BE：CD
したがって，AB・CD＝AC・BE である。

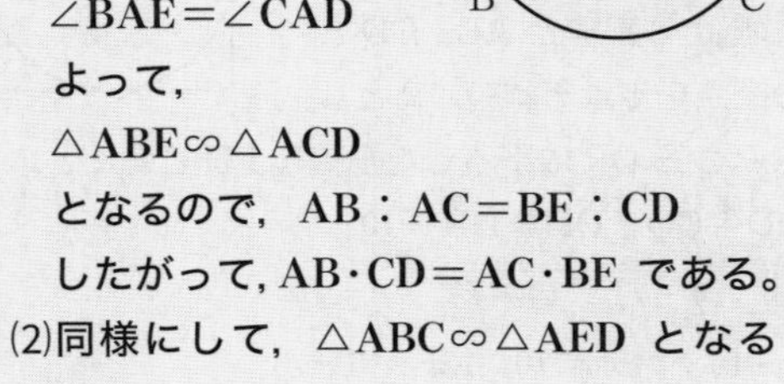

(2)同様にして，△ABC∽△AED となるので，
BC：ED＝AC：AD
よって，AD・BC＝AC・ED である。
(1)の結果と合わせると，
AB・CD＋AD・BC
＝AC・(BE＋ED)＝AC・BD

Point
トレミーの定理
四角形ABCDが円に内接する
⇔AB・CD＋BC・DA＝AC・BD

18 円の接線と弦・方べきの定理 (pp.38～39)

1 (1) 25° (2) 70° (3) 61°

解説
(1)接線と弦の作る角と直径に対する円周角より，
$\angle x = 180° - (65° + 90°) = 25°$
(2)接線と弦の作る角より，
$\angle x = 38° + 32° = 70°$

別解
円に内接する四角形について
$\angle x$ の対角の大きさは $(180 - x)°$ となる。
よって，$38° + (180 - x)° + 32° = 180°$
$\angle x = 70°$
(3)$\angle$P＝58° とすると，△PSTは二等辺三角形になる。
よって，$\angle \mathrm{STP} = (180° - 58°) \div 2 = 61°$
接線と弦の作る角より，
$\angle x = 61°$

2 (1) $\dfrac{24}{7}$ (2) $\dfrac{31}{3}$ (3) 12

解説
方べきの定理を用いる。
(1)$7x = 6 \cdot 4 \quad x = \dfrac{24}{7}$
(2)$3 \cdot (3 + x) = 4 \cdot (4 + 6) \quad x = \dfrac{31}{3}$
(3)$x^2 = 8 \cdot 18 \quad x > 0$ より，$x = 12$

Point
方べきの定理は，いずれも三角形の相似を用いて証明される。

3 円Oについて方べきの定理より，
$PS^2=PA\cdot PB$
円O′について方べきの定理より，
$PT^2=PA\cdot PB$
よって，$PS^2=PT^2$
いま，$PS>0$，$PT>0$ なので，
$PS=PT$

4 小さい円とATとの交点をC，BTとの交点をDとする。
点Tにおける2円の共通接線を引くと， 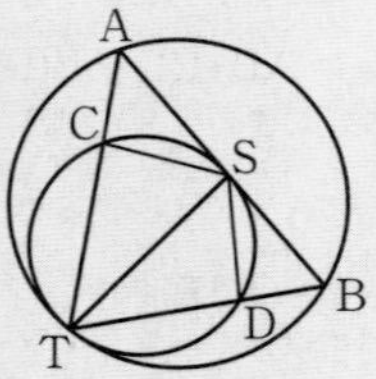
接線と弦の作る角より，
$\angle CAS=\angle DST$
四角形SCTDは円に内接しているので，
$\angle ACS=\angle SDT$
このことより，$\triangle ACS\backsim\triangle SDT$
よって，$\angle ASC=\angle STD=\angle BTS$
接線と弦の作る角より，$\angle ASC=\angle ATS$
以上より，$\angle ATS=\angle BTS$

5 (1) $DC=\frac{5}{3}$，$AB=2\sqrt{5}$

(2) $\triangle ABC=5$，$\triangle ACD=\frac{5}{3}$

解説

(1)右の図より，
$DC=x$ とおくと，
方べきの定理より， 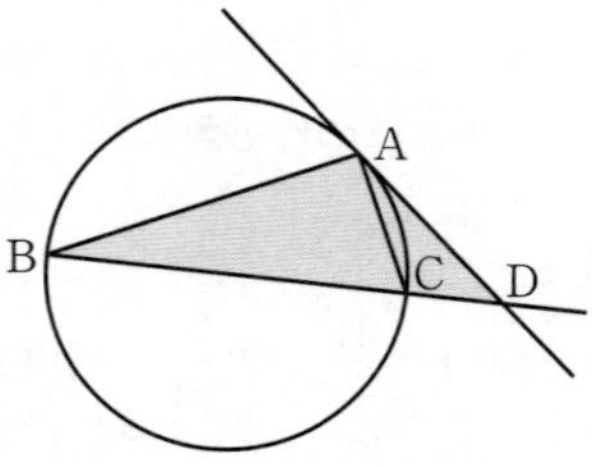
$x(x+5)=\left(\frac{10}{3}\right)^2$
$(3x-5)(3x+20)=0$
$x>0$ より，$x=\frac{5}{3}$
また，$\triangle ABD\backsim\triangle CAD$ なので，
$AB:CA=AD:CD$
$AB=\sqrt{5}\cdot\frac{10}{3}\cdot\frac{3}{5}=2\sqrt{5}$

(2)$\triangle ABC$ において，$BC^2=AB^2+AC^2$ が成り立つので，$\angle BAC=90°$ である。
よって，$\triangle ABC=\frac{1}{2}\cdot\sqrt{5}\cdot2\sqrt{5}=5$
また，$\triangle ACD:\triangle ABC=CD:BC=1:3$
よって，$\triangle ACD=\frac{1}{3}\triangle ABC=\frac{5}{3}$

19 2つの円 (pp.40〜41)

1 $2\sqrt{15}$

解説

$AB=\sqrt{(5+3)^2-(5-3)^2}=\sqrt{64-4}=2\sqrt{15}$

2 6

解説

$AB=\sqrt{10^2-(3+5)^2}=\sqrt{100-64}=6$

Point
2円の中心間の距離を d，半径を R，$r\,(R>r)$ とするとき，
共通外接線の長さは $\sqrt{d^2-(R-r)^2}$
共通内接線の長さは $\sqrt{d^2-(R+r)^2}$

3 8

解説

円O′の半径を x とおくと，条件より，
$(18+x)^2=(18-x)^2+24^2$
$72x=24^2$　$x=8$

4 $14-4\sqrt{10}$

解説

円Oの半径は4
円Pの半径を $r\,(0<r<4)$ とすると，点Oを通りABに垂直な直線とAB，CDとの交点をそれぞれQ，Rとし，点PからQRに下ろした垂線をPHとおくと，
$AD=QO+OH+HR=10$
$4+\sqrt{(4+r)^2-(4-r)^2}+r=10$
$r+4\sqrt{r}+4=10$　$16r=(6-r)^2$
$r^2-28r+36=0$　$0<r<4$ より，$r=14-4\sqrt{10}$

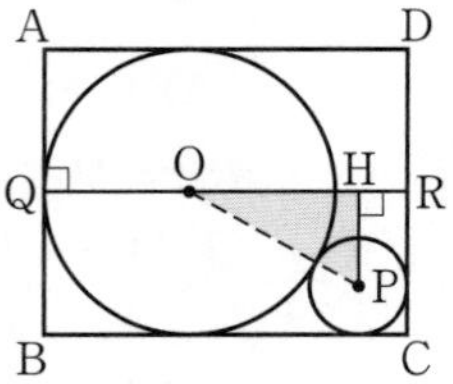

5 四角形 ACQP は円 C に内接しているので，
$\angle \mathrm{PAC} = \angle \mathrm{PQD}$
円 C' において，$\overset{\frown}{\mathrm{PD}}$ に対する円周角で，
$\angle \mathrm{PQD} = \angle \mathrm{PBD}$
よって，$\angle \mathrm{EAC} = \angle \mathrm{EBD}$
また，対頂角より，$\angle \mathrm{AEC} = \angle \mathrm{BED}$
したがって，$\triangle \mathrm{AEC} \backsim \triangle \mathrm{BED}$
(2 つの角がそれぞれ等しい)

20 作　図

(pp.42～43)

1

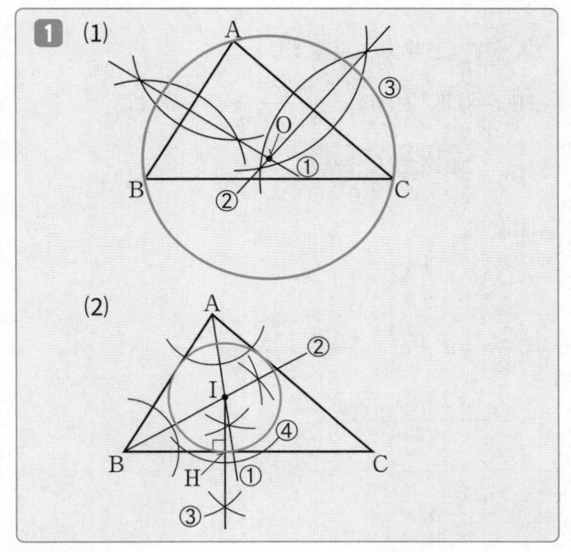

解説

(1)外接円の中心である外心は，3 辺の垂直二等分線の交点である。
(作図の順序)
①線分 AB の垂直二等分線を引く。
②線分 AC の垂直二等分線を引く。
③ ①と②の交点を O とし，O を中心に半径 OA の円を描く。

別解

①か②で，線分 BC の垂直二等分線を引いてもよい。

(2)内接円の中心である内心は，3 つの内角の二等分線の交点である。
(作図の順序)
①∠A の二等分線を引く。
②∠B の二等分線を引く。
③ ①と②の交点を I とし，点 I から線分 BC への垂線を引く。
④ ③と BC との交点を H とし，I を中心に半径 IH の円を描く。

別解

①か②で，∠C の二等分線を引いてもよい。
その場合，③で，点 I から線分 AB か AC への垂線を引く。

2

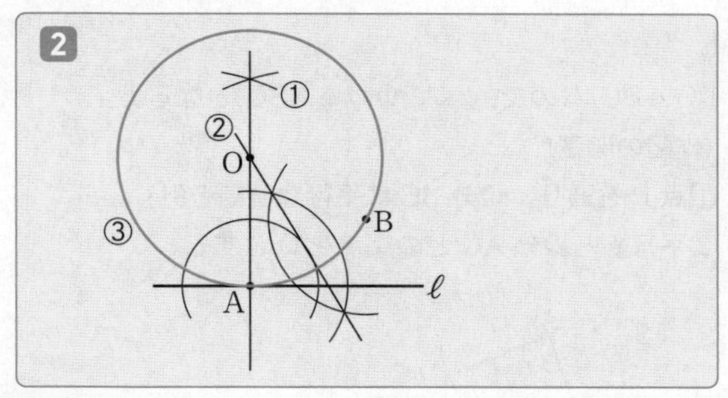

解説

点 A で接するので，条件を満たす円の中心は点 A を通る直線 ℓ の垂線上にある。また，線分 AB の垂直二等分線上にあるので，その交点が中心 O である。
(作図の順序)
①点 A を通って直線 ℓ に垂直な直線を引く。
②線分 AB の垂直二等分線を引く。
③ ①と②の交点を O とし，中心 O，半径 OA の円を描く。

3

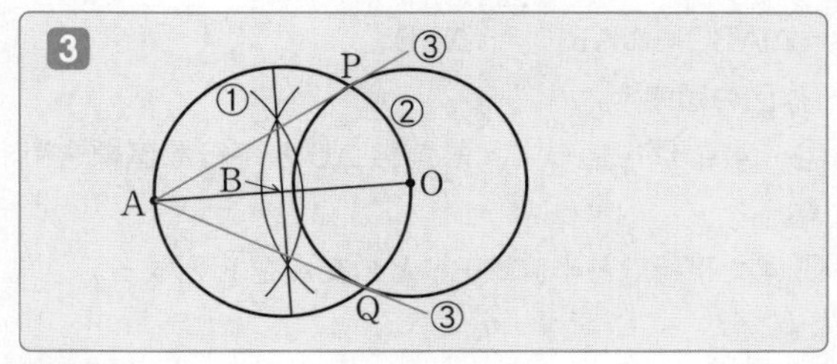

解説

OA を直径とする円周上の点を T とすると，∠OTA は直角となる。
(作図の順序)
①線分 OA の垂直二等分線を引く。
② ①と OA の交点を B とし，中心 B，半径 AB の円を描く。
③ ②の円と円 O との交点を P，Q とし，点 A と点 P，点 A と点 Q を結ぶ。

4

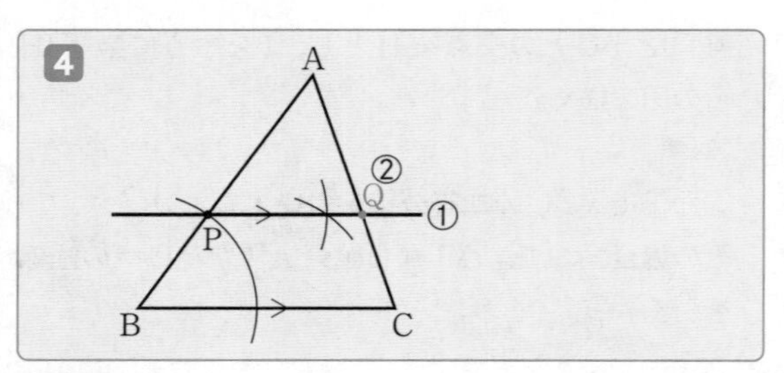

解説

PQ // BC なので，△APQ∽△ABC となる。

(作図の順序)

①点 P を通り，線分 BC に平行な直線を引く。

②平行線と線分 AC との交点を Q とする。

5

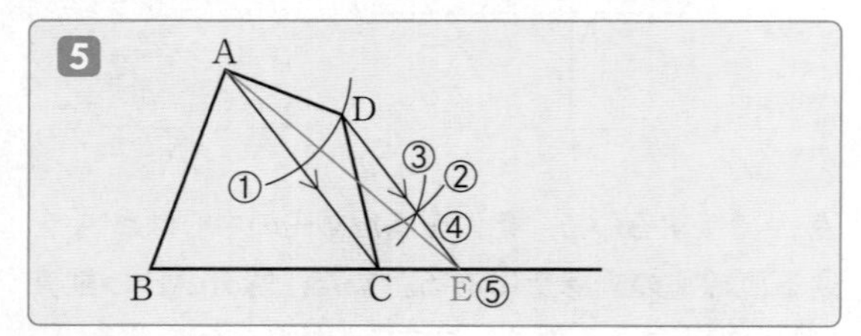

解説

AC // DE となるように点 E をとると，△ADC と △AEC は共通の底辺 AC をもち，高さはともに平行線の間隔と等しいので，同じ面積となる。

よって，

(四角形ABCD)＝△ABC＋△ADC

＝△ABC＋△AEC＝△ABE

(作図の順序)

①～④点 D を通って，対角線 AC と平行な直線を引く。

⑤ ④の平行線と半直線 BC との交点を E とする。

21 空間図形 (pp.44～45)

1 (1)× (2)× (3)○ (4)○ (5)○ (6)○

解説

立方体 ABCD-EFGH を考えると，反例として，

(1)ℓ＝AE，m＝EF，n＝EH

(2)P＝ABCD，Q＝AEFB，R＝ADHE

があげられる。

2 (1)条件より，DK⊥AC

また，HD⊥平面 ABCD より，

HD⊥AC となり，平面 HDK⊥AC

よって，HK⊥AC

(2) $\dfrac{\sqrt{a^2b^2+b^2c^2+c^2a^2}}{2}$

解説

(2)△ADC の面積から，

$$\frac{1}{2}\mathrm{AD}\times\mathrm{DC}=\frac{1}{2}\mathrm{AC}\times\mathrm{DK}$$

$$ab=\sqrt{a^2+b^2}\times\mathrm{DK}\quad \mathrm{DK}=\frac{ab}{\sqrt{a^2+b^2}}$$

よって，三平方の定理より，

$$\mathrm{HK}^2=\mathrm{DK}^2+\mathrm{HD}^2=\frac{a^2b^2}{a^2+b^2}+c^2$$

$$\mathrm{HK}=\frac{\sqrt{a^2b^2+(a^2+b^2)c^2}}{\sqrt{a^2+b^2}}$$

(1)より，

$$\triangle\mathrm{HAC}=\frac{1}{2}\mathrm{AC}\times\mathrm{HK}$$

$$=\frac{1}{2}\times\sqrt{a^2+b^2}\times\frac{\sqrt{a^2b^2+(a^2+b^2)c^2}}{\sqrt{a^2+b^2}}$$

$$=\frac{\sqrt{a^2b^2+b^2c^2+c^2a^2}}{2}$$

3 $\dfrac{\sqrt{2}}{12}a^3$

解説

図にある立方体の 1 辺の長さは $\dfrac{a}{\sqrt{2}}$ なので，求める立体の体積は，

$$\left(\frac{a}{\sqrt{2}}\right)^3-4\cdot\frac{1}{3}\cdot\frac{1}{2}\left(\frac{a}{\sqrt{2}}\right)^2\cdot\frac{a}{\sqrt{2}}$$

$$=\frac{1}{3}\cdot\left(\frac{a}{\sqrt{2}}\right)^3=\frac{\sqrt{2}}{12}a^3$$

4 (1)正六面体(立方体) (2) $\dfrac{2}{9}V$

解説

(2)正八面体の向かい合った頂点間の距離を a とすると，正八面体の体積 V は，

$$V=\frac{1}{3}\cdot\frac{1}{2}a^2\cdot a=\frac{1}{6}a^3$$

よって，$a^3=6V$

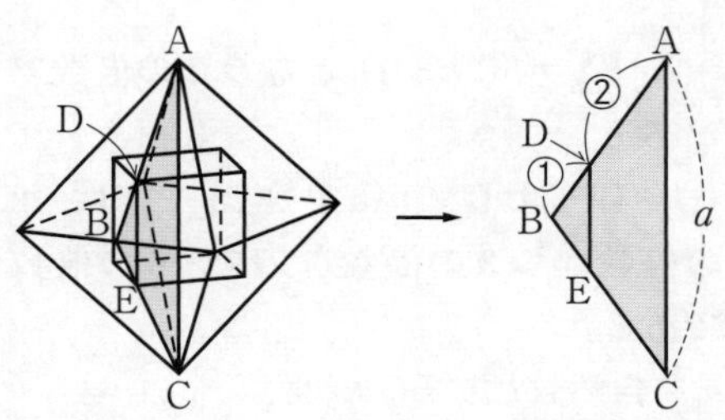

上の図より，正六面体（立方体）の1辺の長さは，

$DE=\frac{1}{3}a$ なので，その体積 V_1 は，

$V_1=\left(\frac{1}{3}a\right)^3=\frac{1}{27}a^3=\frac{1}{27}\cdot 6V=\frac{2}{9}V$

第3章　整数の性質

22 約数と倍数 ①

(pp.46～47)

1 (1) 8

(2) $(a,\ b)=(210,\ 7),\ (105,\ 14),\ (70,\ 21),\ (42,\ 35)$

解説

(1) 2つの自然数を $a=GA$，$b=GB$（A，B は互いに素な自然数，G は a，b の最大公約数）とおくと，

$ab=ABG^2=1040$

$ABG=130$

よって，$G=\frac{1040}{130}=8$

(2) $a=7A$，$b=7B$（A，B は互いに素な自然数，$A>B$）とおくと，

$ab=1470$ より，$AB\cdot 7^2=30\cdot 7^2$

$AB=30$

よって，$(A,\ B)=(30,\ 1),\ (15,\ 2),\ (10,\ 3),\ (6,\ 5)$ より，

$(a,\ b)=(210,\ 7),\ (105,\ 14),\ (70,\ 21),\ (42,\ 35)$

Point

2数 a，b の最大公約数を G，最小公倍数を L とすると，

$a=GA$，$b=GB$（A，B は互いに素な自然数）

$L=GAB$

$GL=ab$

2 (1) $2^4\cdot 3^2\cdot 5^2$

(2) 45個

(3) 12493

解説

(1) $3600=60^2=(2^2\cdot 3\cdot 5)^2=2^4\cdot 3^2\cdot 5^2$

(2) $(4+1)(2+1)(2+1)=45$（個）

(3) $(1+2+2^2+2^3+2^4)(1+3+3^2)(1+5+5^2)$

$=31\cdot 13\cdot 31$

$=12493$

Point

素因数分解して $p^a\cdot q^b\cdots$ となる数の

正の約数の個数　$(a+1)(b+1)\cdots$

正の約数の総和

$(1+p+\cdots+p^a)(1+q+\cdots+q^b)\cdots$

3 $n+1$ と $n+2$ が1より大きい最大公約数 G をもつと仮定する。このとき，互いに素な自然数 A，$B(A<B)$ で，
$n+1=GA$，$n+2=GB$
とおけるので，
$(n+2)-(n+1)=GB-GA$
$1=G(B-A)$
$B-A \geqq 1$ より $G=\dfrac{1}{B-A} \leqq 1$ なので，
$G>1$ に矛盾する。
よって，$n+1$ と $n+2$ とは互いに素である。

4 $N=19$

解説
$N=n^3-8=(n-2)(n^2+2n+4)$ で $n \geqq 1$ なので，N が素数であるとき，$n-2=1$ が必要である。
このとき，$n=3$, $N=3^3-8=19$ となり十分でもある。

5 7

解説
30以下の自然数のなかに5の倍数は6個ある。そのうちの25は 5^2 の倍数なので，30! は 5^7 を因数にもつことになる。つまり，30! は 5^7 の約数で割り切ることができるので，最大の n は7である。

23 約数と倍数 ② (pp.48〜49)

1 (1) n を整数とすると，奇数は $2n+1$ と表せるので，
$(2n+1)^2-1=4n^2+4n=4n(n+1)$
n，$n+1$ は連続する2つの整数なので，どちらかは偶数である。
よって，奇数の2乗から1をひいた数は8の倍数である。

(2) $n(n+1)$ は連続する2つの自然数の積なので，どちらかは偶数で，積は2の倍数である。
k を自然数とする。$n(n+1)(2n+1)$ は，
(i) $n=3k$ の場合，3の倍数でもある。
(ii) $n=3k-1$ の場合，$n+1=3k$ となり3の倍数である。
(iii) $n=3k-2$ の場合，
$2n+1=3(2k-1)$ となり3の倍数である。
(i)〜(iii)より，$n(n+1)(2n+1)$ は，2の倍数かつ3の倍数なので，6の倍数である。

(3) k を自然数とする。n^2 は，
(i) $n=2k$ の場合，
$n^2=4k^2$ を4で割った余りは0である。
(ii) $n=2k-1$ の場合，
$n^2=4(k^2-k)+1$ を4で割った余りは1である。
(i)，(ii)より，n^2 を4で割った余りは0または1である。

2 (1) 64個 (2) 7680

解説
(1) $240=2^4 \cdot 3 \cdot 5$ である。
240以下の自然数で，2の倍数の集合を A，3の倍数の集合を B，5の倍数の集合を C とすると，240の約数でない自然数は，
$240-\{n(A)+n(B)+n(C)\}$
$+\{n(A \cap B)+n(B \cap C)+n(A \cap C)\}$
$-n(A \cap B \cap C)$ 個ある。
2の倍数は $2^3 \cdot 3 \cdot 5=120$（個）
3の倍数は $2^4 \cdot 5=80$（個）
5の倍数は $2^4 \cdot 3=48$（個）
$2 \cdot 3$ の倍数は $2^3 \cdot 5=40$（個）
$3 \cdot 5$ の倍数は $2^4=16$（個）
$2 \cdot 5$ の倍数は $2^3 \cdot 3=24$（個）
$2 \cdot 3 \cdot 5$ の倍数は $2^3=8$（個）
よって，240と互いに素である数の個数は，
$240-(120+80+48)+(40+16+24)-8=64$（個）

別解
$240=2^4 \cdot 3 \cdot 5$ より，240と互いに素である自然数の個数は，
$240 \cdot \left(1-\dfrac{1}{2}\right)\left(1-\dfrac{1}{3}\right)\left(1-\dfrac{1}{5}\right)=240 \cdot \dfrac{1}{2} \cdot \dfrac{2}{3} \cdot \dfrac{4}{5}$
$=64$（個）

(2) 240と1とは互いに素であるから，
240と $240-1(=239)$ も互いに素であり，
同様に240と7，240と $240-7(=233)$，
240と11，240と $240-11(=229)\cdots$ も互いに素に

なる。

(1)より，240 と互いに素であるものは 64 個あるので，求める和は，

$1+7+11+\cdots+(240-11)+(240-7)+(240-1)$

$=240\cdot\dfrac{64}{2}=7680$

3 (1)k を自然数とする。

(i)$n=3k-2$ の場合，

$n^2=9k^2-12k+4$

$=3(3k^2-4k+1)+1$

より，n^2 を 3 で割った余りは 1

(ii)$n=3k-1$ の場合，

$n^2=9k^2-6k+1$

$=3(3k^2-2k)+1$

より，n^2 を 3 で割った余りは 1

(iii)$n=3k$ の場合，

$n^2=3\cdot 3k^2$

より，n^2 を 3 で割った余りは 0

(i)〜(iii)より，

n^2 を 3 で割った余りは 0 または 1 である。

(2) a，b，c すべてが 3 の倍数でないと仮定すると，(1)の証明より，a^2，b^2，c^2 を 3 で割ったときの余りはすべて 1 となるので，与式の左辺を 3 で割った余りは 2，右辺を 3 で割った余りは 1 となり矛盾する。

よって，a，b，c のうち少なくとも 1 つは 3 の倍数である。

4 n は奇数なので，$n=2k-1$（k は整数）とおける。

$S=(2k-1)+(2k)^2+(2k+1)^3$

$=2k-1+4k^2+(8k^3+12k^2+6k+1)$

$=8k^3+16k^2+8k$

$=8k(k+1)^2$

k，$k+1$ のどちらかは偶数なので，S は 16 の倍数である。

24 不定方程式 ①

(pp.50〜51)

1 (1) 74 (2) 13

解説

(1)$1184=518\cdot 2+148$

$518=148\cdot 3+74$

$148=74\cdot 2$

(2)$3042=2015\cdot 1+1027$

$2015=1027\cdot 1+988$

$1027=988\cdot 1+39$

$988=39\cdot 25+13$

$39=13\cdot 3$

2 (1) $x=1$，$y=-2$ (2) $x=9$，$y=31$

解説

(1)$17=8\cdot 2+1$ より，$1=17\cdot 1+8\cdot(-2)$

よって，解の 1 組は，$x=1$，$y=-2$

(2)$131=38\cdot 3+17$

$38=17\cdot 2+4$

$17=4\cdot 4+1$ より，

$1=17-4\cdot 4=17-(38-17\cdot 2)\cdot 4$

$=-38\cdot 4+17\cdot 9$

$=-38\cdot 4+(131-38\cdot 3)\cdot 9$

$=131\cdot 9-38\cdot 31$

よって，解の 1 組は，$x=9$，$y=31$

3 ユークリッドの互除法を用いると，

$9m+4n=(7m+3n)\cdot 1+2m+n$

$7m+3n=(2m+n)\cdot 3+m$

$2m+n=m\cdot 2+n$

よって，$7m+3n$ と $9m+4n$ の最大公約数は m と n の最大公約数と一致するが，いま，m と n とは互いに素なので，

$7m+3n$ と $9m+4n$ も互いに素である。

4 (1) $x=4k+1$，$y=-13k-3$（k は整数）

(2) $x=13k+3$，$y=31k+7$（k は整数）

解説

(1)$13=4\cdot 3+1$ より，$13\cdot 1+4\cdot(-3)=1$ を与式から引くと，$13(x-1)=4(-3-y)$

13 と 4 とは互いに素なので，k を整数とすると，

$x-1=4k$，$-3-y=13k$

よって，$x=4k+1$，$y=-13k-3$

(2) $31\cdot3-13\cdot7=2$ を与式から引くと，

$31(x-3)=13(y-7)$

31 と 13 とは互いに素なので，k を整数とすると，

$x-3=13k,\ y-7=31k$

よって，$x=13k+3,\ y=31k+7$

Point

まず，適当な値をいくつか代入して方程式を満たす x，y の組を探し出す。簡単に見つからなければユークリッドの互除法を用いる。

5 949

解説

求める自然数を N とし，m，n を整数とすると，

$N=7m+4=11n+3\quad -7m+11n=1$

$-7\cdot3+11\cdot2=1$ をこの式から引くと，

$-7(m-3)+11(n-2)=0\quad 7(m-3)=11(n-2)$

7 と 11 とは互いに素なので，k を整数とすると，

$m-3=11k,\ n-2=7k$

よって，$m=11k+3,\ n=7k+2$

$N=7(11k+3)+4=77k+25<1000$ を解くと，

$k<12.6\cdots$ より，$k=12$

よって，$N=77\cdot12+25=949$

6 (1) $a-5b$　(2) $3b+10k$　(3) 5, -2　(4) 153　(5) 260, -107

解説

$N=10a+b$（a は自然数，b は整数，$0\leqq b\leqq 9$）

(1) N の一の位の数を除いた数 a から，一の位の数 b の 5 倍を引いた数が 17 の倍数なので，

$a-5b=17k$（k は整数）

(2) (1)より，$a=5b+17k$ なので，

$N=10(5b+17k)+b=51b+170k=17(3b+10k)$

(3) 1 次不定方程式 $7x+17y=1$ …①

$7\cdot5+17\cdot(-2)=1$ …②

①－②より，

$7(x-5)+17(y+2)=0\quad 7(x-5)=-17(y+2)$

7 と 17 とは互いに素なので，l を整数とすると，

$x-5=17l,\ y+2=-7l$

よって，$x=17l+5,\ y=-7l-2$ …③

x は整数解の組のうち最も小さい自然数なので，

$l=0$ のとき③より，$x=17\cdot0+5=5$

$y=-7\cdot0-2=-2$

$(x,\ y)=(5,\ -2)$

(4) (3)の③より，$x+y=10l+3$ …④

④より，$x+y$ の一の位の数は 3，$x+y$ から一の位を除いた数は l となる。

$x+y$ が 17 の倍数となるのは，

命題より $l-3\cdot5=l-15$ が 17 の倍数となることなので，m を整数とすると，

$l-15=17m$

よって，$l=17m+15$

これを④に代入すると，

$x+y=10(17m+15)+3=170m+153$

よって，最も小さい自然数は $m=0$ のとき

$x+y=170\cdot0+153=153$

(5) (4)の④より，$10l+3=153\quad l=15$

(3)の③より，$(x,\ y)=(260,\ -107)$

25 不定方程式 ②

(pp.52～53)

1 (1) $(x+2)(y+3)$
(2) $(-1,\ 8)$, $(9,\ -2)$, $(-3,\ -14)$, $(-13,\ -4)$

解説

(1)（与式）$=x(y+3)+2(y+3)=(x+2)(y+3)$

(2) ①を変形すると，$(x+2)(y+3)=11$

x，y は整数なので，次の表を得る。

$x+2$	1	11	-1	-11
$y+3$	11	1	-11	-1

$(x,\ y)=(-1,\ 8)$, $(9,\ -2)$, $(-3,\ -14)$, $(-13,\ -4)$

2 (1) $(193,\ 192)$, $(41,\ 36)$, $(31,\ 24)$, $(23,\ 12)$
(2) $(2,\ 6)$, $(4,\ 4)$

解説

(1) x，y は自然数なので，$x+y>x-y$ であり，

$(x+y)(x-y)=385$

$385=5\cdot7\cdot11$ より，次の表を得る。

$x+y$	385	77	55	35
$x-y$	1	5	7	11

$(x,\ y)=(193,\ 192)$, $(41,\ 36)$, $(31,\ 24)$, $(23,\ 12)$

(2) x, y は自然数より，与式の分母を払って変形すると，$(x-1)(y-3)=3$

$x-1 \geqq 0$ より，

$x-1=1$, $y-3=3$　または，$x-1=3$, $y-3=1$

よって，$(x, y)=(2, 6), (4, 4)$

3　**1, 15, 49**

解説

$\sqrt{n^2+99}=m$ (m は自然数)とおくと，両辺が正なので，

$n^2+99=m^2$

$(m+n)(m-n)=99$

$m+n>m-n$ より，次の表を得る。

$m+n$	99	33	11
$m-n$	1	3	9

よって，$(m, n)=(50, 49), (18, 15), (10, 1)$

4　**7 組**

解説

a, b, c は自然数なので，$12=a+2b+3c>3c$ より，

$1 \leqq c \leqq 3$

(i) $c=1$ の場合，$a+2b+3=12$

$9=a+2b>2b$ より，$1 \leqq b \leqq 4$

よって，$(a, b)=(7, 1), (5, 2), (3, 3), (1, 4)$

(ii) $c=2$ の場合，$a+2b+6=12$

$6=a+2b>2b$ より，$1 \leqq b \leqq 2$

よって，$(a, b)=(4, 1), (2, 2)$

(iii) $c=3$ の場合，$a+2b+9=12$

$3=a+2b>2b$ より，$(a, b)=(1, 1)$

(i)〜(iii) より，

$(a, b, c)=(7, 1, 1), (5, 2, 1), (3, 3, 1), (1, 4, 1),$
$(4, 1, 2), (2, 2, 2), (1, 1, 3)$

の計 7 組である。

5　**(1) (2, 3, 6), (2, 4, 4), (3, 3, 3)**
(2) 10 組

解説

(1) $x \leqq y \leqq z$ より，$\dfrac{1}{x} \geqq \dfrac{1}{y} \geqq \dfrac{1}{z}$

$1=\dfrac{1}{x}+\dfrac{1}{y}+\dfrac{1}{z} \leqq \dfrac{1}{x}+\dfrac{1}{x}+\dfrac{1}{x}=\dfrac{3}{x}$ となり，

$x \leqq 3$

また，$1=\dfrac{1}{x}+\dfrac{1}{y}+\dfrac{1}{z}>\dfrac{1}{x}$ より，$1<x$

よって，$2 \leqq x \leqq 3$

(i) $x=2$ の場合，

$\dfrac{1}{2}=\dfrac{1}{y}+\dfrac{1}{z} \leqq \dfrac{2}{y}$ より，$y \leqq 4$

$\dfrac{1}{2}=\dfrac{1}{y}+\dfrac{1}{z}>\dfrac{1}{y}$ より，$2<y$

よって，$3 \leqq y \leqq 4$

$y=3$ のとき，$\dfrac{1}{z}=\dfrac{1}{6}$ つまり $z=6$

$y=4$ のとき，$\dfrac{1}{z}=\dfrac{1}{4}$ つまり $z=4$

(ii) $x=3$ の場合，

$\dfrac{2}{3}=\dfrac{1}{y}+\dfrac{1}{z} \leqq \dfrac{2}{y}$ より，$y \leqq 3$

$\dfrac{2}{3}=\dfrac{1}{y}+\dfrac{1}{z}>\dfrac{1}{y}$ より，$y>\dfrac{3}{2}$

$3=x \leqq y$ なので，$y=3$, $z=3$

(i), (ii) より，

$(x, y, z)=(2, 3, 6), (2, 4, 4), (3, 3, 3)$

Point
大小関係などを上手に用いて，整数解の範囲を絞り込む。

(2) (1)の解の並び替えを考えると，

$(x, y, z)=(2, 3, 6)$ について，$3!=6$ (組)

$(x, y, z)=(2, 4, 4)$ について，3 組

$(x, y, z)=(3, 3, 3)$ について，1 組

よって，$6+3+1=10$ (組)

6　**(1) 6 組**
(2) 5 組

解説

$x=0$ は $xy=(x+2)^2$ の解ではないので，

$x \neq 0$ より，与式を変形すると，$y=x+4+\dfrac{4}{x}$

(1) y が整数であるためには，x が 4 の約数(負も含む)であることが必要なので，

$(x, y)=(1, 9), (-1, -1), (2, 8), (-2, 0),$
$(4, 9), (-4, -1)$ の 6 組

(2) これらのうち，$xy>0$ となるのは 5 組

26 整数の性質の活用　(pp.54～55)

1 (1) $(m-11)(m-5)$　(2) 4, 12

解説

(2) p を素数とすると，(1)より $p=(m-11)(m-5)$ なので，

$m-5>m-11$ であることと $p>0$ より，

$m-11=1$ または $m-5=-1$ である。

(i) $m-11=1$ の場合，

$m=12$ で $p=1\cdot(12-5)=7$

(ii) $m-5=-1$ の場合，

$m=4$ で $p=(4-11)\cdot(-1)=7$

2 (1) (1, 2)　(2) (2, 3)

解説

(1) $n^3+1=(n+1)(n^2-n+1)=p$

$n+1>1$ なので，$n^2-n+1=1$　$n(n-1)=0$

$n>0$ より，$n=1$

よって，$p=2$

(2) $n^3+1=(n+1)(n^2-n+1)=p^2$

$n+1>1$ なので，

(i) $n+1=n^2-n+1=p$ の場合，$n^2-2n=0$

$n(n-2)=0$　n は自然数より $n=2$, $p=3$

(ii) $n^2-n+1=1$ の場合，$n^2-n=0$

$n(n-1)=0$　n は自然数より $n=1$ となるが，

$p^2=2$ となり不適

(i)，(ii)より，$(n, p)=(2, 3)$

3 (1) k を整数として，奇数を $2k+1$ とおくと，$(2k+1)^2=4k(k+1)+1$

$k(k+1)$ は整数なので，奇数の平方 $(2k+1)^2$ を 4 で割ると余りは 1 である。

(2) 偶数 $2k$ の平方 $(2k)^2=4k^2$ を 4 で割った余りは 0 であるので，(1)と合わせて，平方数を 4 で割ったときの余りは 0 または 1 である。

1 ばかりが 2 個以上並んだ自然数を 100 で割ったときの商を N とおくと，

$N\cdot100+11=4(N\cdot25+2)+3$ となり，

4 で割ったときの余りは 3 である。

よって，題意の数が平方数であると仮定すると，矛盾を生じる。

4 (1) 7　(2) 10　(3) 4　(4) 4

解説

12 を法として，$a\equiv2$, $b\equiv5 \pmod{12}$

(1) $a+b\equiv2+5\equiv7$

(2) $ab\equiv2\cdot5\equiv10$

(3) $20a\equiv20\cdot2=40\equiv4$

(4) $4^2=16\equiv4$ より，

$a^{20}\equiv2^{20}=4^{10}=16^5\equiv4^5=(4^2)^2\cdot4\equiv4^3\equiv4$

Point

$a\equiv c \pmod{m}$, $b\equiv d \pmod{m}$ のとき

- $a+b\equiv c+d \pmod{m}$
- $a-b\equiv c-d \pmod{m}$
- $ab\equiv cd \pmod{m}$
- $a^k\equiv c^k \pmod{m}$

5 3 より大きい自然数 n を 3 で割ったときの余りにより場合分けを行う。

k を 2 以上の整数として，

(i) $n=3k-2$ の場合，

$n+2=3k$ は 3 より大きい 3 の倍数であり素数ではない。

(ii) $n=3k-1$ の場合，

$n+4=3(k+1)$ は 3 より大きい 3 の倍数であり素数ではない。

(iii) $n=3k$ の場合，

$n=3k$ は 3 より大きい 3 の倍数であり素数ではない。

(i)～(iii)より，与えられた 3 つの自然数のうち少なくとも 1 つは素数ではない。